全国电力行业“十四五”规划教材
高等教育实验实训系列

微机原理实验教程

主　编　刘　麒　张振涛
副主编　王　影　李　硕　梁　凯
编　写　孙明革　曹玉波　赵明丽
　　　　程立敏　吴　猛

中国电力出版社
CHINA ELECTRIC POWER PRESS

内 容 提 要

本书为全国电力行业“十四五”规划教材。

本书在内容的编排上，基本覆盖微机原理与应用的所有教学内容，并且提供了部分源程序和程序调试视频，共包括八章内容：汇编语言程序设计的实验环境及实验步骤，算术运算类操作实验，逻辑运算、移位操作及数码转换编程实验，字符串操作及输入／输出实验，程序设计的基本结构实验，综合程序设计实验，微机原理接口技术实验，微机原理综合应用实验。本书附有十八个附录，以使本书内容更全面，更有利于读者对正文部分的理解。

本书可作为微机原理与应用的实践教材，也可作为学生进行计算机等级考试的考前参考教材。

图书在版编目（CIP）数据

微机原理实验教程／刘麒，张振涛主编．—北京：中国电力出版社，2022.1

“十四五”普通高等教育本科规划教材

ISBN 978-7-5198-2098-5

Ⅰ．①微…　Ⅱ．①王…②张…　Ⅲ．①微型计算机－理论－高等学校－教材②微型计算机－接口技术－高等学校－教材　Ⅳ．①TP36

中国版本图书馆 CIP 数据核字（2018）第 116483 号

出版发行：中国电力出版社
地　　址：北京市东城区北京站西街 19 号（邮政编码 100005）
网　　址：http://www.cepp.sgcc.com.cn
责任编辑：罗晓莉（010-63412547）　孙　晨
责任校对：黄　蓓　马　宁
装帧设计：赵姗姗
责任印制：吴　迪

印　　刷：北京天宇星印刷厂
版　　次：2022 年 1 月第一版
印　　次：2022 年 1 月北京第一次印刷
开　　本：787 毫米 ×1092 毫米　16 开本
印　　张：12.75
字　　数：308 千字
定　　价：30.00 元

前　言

本书为面向普通高等学校工科电气及信息类专业学生，针对微机原理相关课程实践教学环节的一本教材，旨在培养学生应用基础理论知识和专业知识的学习，进行计算机相关系统的设计，并能分析和解决微机应用系统生产中的有关问题，适应科研、设计和生产实践等方面的需要。为将来从事计算机软、硬件的开发，微机控制系统分析与设计，电气系统运行管理等工作奠定基础。

本书根据 16 位微机特点，以 80X86 为基础，运用理论与实验相结合的形式，使学生对计算机的硬件知识及汇编语言有一个深层次的了解，主要内容包括汇编语言程序设计上机实践操作过程介绍、汇编语言指令设计及结构设计部分、微机原理及应用部分，共分为八章：

第一章介绍汇编语言程序设计的实验环境及实验步骤，使学生熟练掌握汇编语言程序设计的流程和基本 DOS 指令，MASM 指令、LINK 指令及 DEBUG 指令的使用方法和编译调试过程。

第二～四章主要介绍微机原理基本汇编指令，包括算术运算指令、逻辑运算指令及字符串操作指令等，使学生进一步掌握各类指令的使用方法和注意事项。

第五章主要介绍汇编语言进行程序设计的基本结构实验，包括分支移序、循环程序设计和子程序设计等，熟练应用程序结构所设计的相关控制转移指令。

第六章是综合程序设计实验，使学生掌握程序设计的基本方法和步骤。

第七章主要介绍的是微机原理接口技术实验，包括 8255A 可编程并行接口、8253A 定时器/计数器、8259A 中断控制器、ADC0809 模数转换、DAC0832 转换、8251A 串行接口和 8279A 可编程键盘显示接口的应用和设计。

第八章主要介绍 8086 的综合应用实验，包括小直流电机调速、步进电动机控制，继电器控制、存储器读写、DMA 控制器、电子琴、压力测量实验和温度测量实验等，使学生进一步提高 8086 应用系统的设计能力。

附录主要包括 8086 的系统指令，提供 ASCⅡ码表、DOS 系统和 BIOS 系统功能调用、DEBUG 调试命令介绍、汇编程度编译出错信息等。

本书在内容的编排上，基本覆盖微机原理与应用的所有教学内容，并且提供了部分源程序和程序调试视频，注重学生汇编语言设计和调试能力的培养，增强学生编程思维意识，提高学生学习微机原理的工程应用能力。本书既强调了汇编语言的基础知识，又体现了微机原理的应用实践教学。

本书由吉林化工学院刘麒和吉林化工学院张振涛任主编，吉林化工学院王影、吉林化工学院李硕和吉林化工学院梁凯任副主编。第一章、第六章和附录由刘麒编写，第二章、第三章、第四章和第七章由张振涛编写，第五章和第八章由王影编写。全书由李硕和梁凯进行统稿和校对，参与本书编写的还有孙明革、曹玉波、赵明丽、程立敏、吴猛等老师。本书的出版得到了吉林化工学院的大力支持，在此向所有为本书做出贡献的人们致谢。另外，在本书的编写过程中也参考了一些优秀的教材，再次一并表示感谢。

吉林化工学院于军教授对书稿进行了详细认真的审阅，提出了很多丰富宝贵的意见和建议，在此，谨向于军教授表示衷心的感谢。

限于编者水平，书中难免存在疏漏和不妥之处，殷切希望使用本书的读者和同仁提出宝贵的意见。

编　者

2020 年 5 月

目　录

第一篇　汇编语言程序设计上机实践

第一章　汇编语言程序设计的实验环境及实验步骤

本章主要进行汇编语言实验环境及实验步骤，涉及的知识点包括：

（1）汇编语言源程序编写好后，必须经过下列几个步骤才能在机器上运行。

1）编辑源程序（生成“. ASM”文件）。

2）汇编源程序（“. ASM”→“. OBJ”）。

3）连接目标程序（“. OBJ”→“. EXE”）。

4）调试可执行程序（使用调试程序 Debug 调试生成“. EXE”文件）。

5）运行程序输出结果。

（2）Windows 环境下的汇编语言集成编程环境使用。

实验一　DOS 环境下的汇编语言编程环境使用（验证性实验）

一、实验目的

1. 掌握汇编语言程序设计的基本方法和技能。
2. 熟练掌握使用全屏幕编辑程序 EDIT 编辑汇编语言源程序。
3. 熟练掌握宏汇编程序 MASM 的使用。
4. 熟练掌握连接程序 LINK 的使用。

二、软、硬件环境

汇编语言程序设计的实验环境如下。

1. 硬件环境

微型计算机（Intel x86 系列 CPU）一台。

2. 软件环境

（1）WindowsXP/Vista/7 等 32 位操作系统。

（2）任意一种文本编辑器［EDIT、NOTEPAD（记事本）、UltraEDIT 等］。

（3）汇编程序（MASM. EXE 或 TASM. EXE）。

（4）连接程序（LINK. EXE 或 TLINK. EXE）。

（5）调试程序（DEBUG. EXE 或 TD. EXE）。

（6）文本编辑器建议使用 EDIT 或 NOTEPAD，汇编程序建议使用 MASM. EXE，连接程序建议使用 LINK. EXE，调试程序建议使用 EDIT. EXE。

三、实验涉及的主要知识单元

1. 汇编语言源程序的汇编过程

汇编语言源程序的汇编过程是利用汇编程序（MASM）对已编辑好的源程序文件（. ASM）进行汇编，将源程序文件中以 ASCII 码表示的助记符指令逐条翻译成机器码指令，并完成源程序中的伪指令所指出的各种操作，最后可以建立 3 个文件：扩展名为“. OBJ”的目标文件、扩展名为“. LST”的列表文件和扩展名为“. CRF”的交叉索引文件。目标文件是必须建立的，它包含了程序中所有机器码指令和伪指令指出的各种有关信息，但该文件中的操作数地址还不是内存的绝对地址，只是一个可浮动的相对地址。列表文件（. LST）中包含了源程序的全部信息（包括注释）和汇编后的目标程序，列表文件可以打印输出，可供调试检查用。交叉索引文件（. CRF）是用来了解源程序中各符号的定义和引用情况的。“. LST”和“. CRF”两个文件不是必须建立的，可有可无，可通过汇编时的命令加以选择。

在对源程序文件（“. ASM”文件）汇编时，汇编程序将对“. ASM”文件进行两遍扫描，若程序文件中有语法错误，则结束汇编，汇编程序将指出源程序中存在的错误，这时应返回编辑环境修改源程序中的错误，再经过汇编，直到最后得到无错误的目标程序，即“. OBJ”文件。因此，汇编程序的主要功能可概括为以下三点：①检查源程序中的语法错误，并给出错误信息；②产生目标程序文件（“. OBJ”文件），并可给出列表文件（“. LST”文件）；③展开宏指令。

汇编程序是系统提供的用于汇编的系统软件，目前常用的汇编程序有 Microsoft 公司推出的宏汇编程 MASM（MACRO ASSEMBLER）和 BORLAND 公司推出的 TASM（TURBO ASSEMBLER）两种。Microsoft 公司推出有宏汇编程序 MASM 和小汇编程序 ASM 两种，二者的区别在于：MASM 有宏处理功能，而 ASM 没有宏处理功能，因此，MASM 比 ASM 的功能强大，但 MASM 需要占据较大的内存空间，当内存空间较小时（如 64KB），只能使用 ASM。

2. 目标程序的连接过程

汇编后产生的目标程序（“. OBJ”文件）并不是可执行程序文件（“. EXE”文件），还不能直接运行，它必须通过连接程序（LINK）连接成一个可执行程序后才能运行。连接程序进行连接时，其输入有两个部分：一是目标文件（. OBJ），目标文件可以是一个也可以是多个，可以是汇编语言经汇编后产生的目标文件，也可以是高级语言（如 C 语言）经编译后产生的目标文件；另一是库文件（. LIB），库文件是系统中已经建立的，主要是为高级语言提供的。连接后输出两个文件，一是扩展名为“. EXE”的可执行文件，另一个是扩展名为“. MAP”的内存分配文件，它是连接程序的列表文件，又称为连接映像（Link Map），它给出每个段在存储器中的分配情况，该文件可有可无。连接程序给出的“无堆栈段的警告性错误”并不影响程序的运行。所以，到此为止，连接过程已经结束，可以在操作系统下执行该“. EXE”程序了。

3. 汇编语言和 DOS 操作系统的接口

编写的汇编语言源程序是在 DOS 环境下运行时，必须了解汇编语言是如何同 DOS 操作系统接口的。

用编辑程序把源程序输入到机器中，用汇编程序把它转换为目标程序，用连接程序对其进行连接和定位时，操作系统为每个用户程序建立了一个程序段前缀区 PSP，其长度为 256B，主要用于存放所要执行程序的有关信息，同时也提供了程序和操作系统的接口。操作系统在程序段前缀的开始处（偏移地址 0000H）安排了一条 INT 20H 软中断指令。INT

20H中断服务程序由DOS提供，执行该服务程序后，控制就转移到DOS，即返回到DOS管理的状态。因此，用户在组织程序时，必须使程序执行完后能去执行存放于PSP开始处的INT 20H指令，这样便返回到DOS，否则就无法继续键入命令和程序。

DOS在建立了程序段前缀区PSP之后，将要执行的程序从磁盘装入内存。在定位程序时，DOS将代码段置于PSP下方，代码段之后是数据段，最后放置堆栈段。内存分配好后，DOS就设置段寄存器DS和ES的值，以使它们指向PSP的开始处，即INT 20H的存放地址，同时将CS设置为PSP后面代码段的段地址，IP设置为指向代码段中第一条要执行的指令位置，把SS设置为指向堆栈的段地址，让SP指向堆栈段的栈底，然后系统开始执行用户程序。为保证用户程序执行完后能返回到DOS状态，可使用以下两种方法。

（1）标准方法。首先将用户程序的主程序定义成一个FAR过程，其最后一条指令为RET。然后在代码段的主程序（即FAR过程）的开始部分用以下三条指令将PSP中INT 20H指令的段地址及偏移地址压入堆栈。

```
PUSH  DS       ；保护PSP段地址
MOV  AX，0   ；保护偏移地址0
PUSH  AX
```

这样，当程序执行到主程序的最后一条指令RET时，由于该过程具有FAR属性，故存在堆栈内的两个字就分别弹出到CS和IP，从而执行INT 20H指令，使控制返回到DOS状态。返回DOS的标志就是程序运行完后出现一个DOS的标识符，如C：\>。

（2）非标准方法。我们也可在用户的程序中不定义过程段，只在代码段结束之前（即CODE ENDS之前）增加两条语句：

```
MOV   AH，4CH
INT  21H
```

则程序执行完后也会自动返回DOS状态。

此外，由于开始执行用户程序时，DS并不设置在用户数据段的起始处，ES同样也不设置在用户附加段的起始处，因而在程序开始处使用以下方法重新装填DS和ES的值使其指向用户的数据段：

```
MOV  AX，段名
MOV  段寄存器名，AX；段寄存器名可以是DS、ES、SS之一
```

四、实验内容与步骤

1. 实验内容

在屏幕上显示信息："1A"。

其宏汇编语言程序如下。

实验视频

```
DATA  SEGMENT     ；定义数据段
   X  db  48      ；定义字节型变量x，x值存放于内存DATA段字节偏移量0处
   Y  db  65   ；定义字节型变量y，y值存放于内存DATA段字节偏移量1处
DATA  ENDS
CODE  SEGMENT     ；定义代码段（伪指令，编译器使用）
   ASSUME CS：CODE，DS：DATA（伪指令，编译器使用）
ST：MOV AX，DATA    ；数据段在段内重定位，以便程序能够正确引用的在数据段中
     MOV DS，AX    ；定义的变量
```

```
    MOV DL, x       ; x值即48D（或31H），把“1”的ASCII码存入寄存器DL
    MOV AH, 2       ;
    INT 21H         ; 调用2号DOS中断，用于显示DL中存放的字符
    MOV BX, 01
    MOV DL, [BX]    ; 通过BX寄存器间接寻址将y值存入DL（与第3行有相同的作用）
    MOV AH, 2
    INT 21H         ; 此段语句功能同上一段
    MOV   AH, 4CH
    INT   21H       ; 4C号DOS中断，功能是结束程序，将系统控制权返给操作系统
CODE  ENDS          ; 以下两句为伪指令，不占用内存，编译器使用
END  START
```

2. 实验步骤

汇编语言程序设计上机过程如图1-1所示。

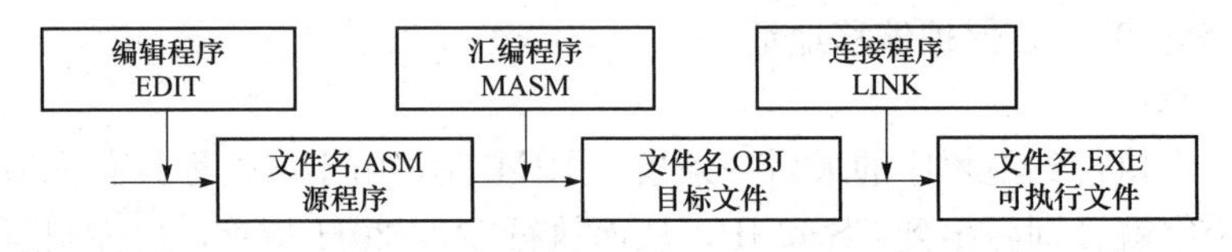

图1-1　汇编语言程序设计上机过程

（1）确定源程序的存放目录。建议源程序存放的目录名为ASM（或MASM），并放在C盘或D盘的根目录下。如果没有创建过此目录，请用如下方法创建：通过Windows的资源管理器找到C盘的根目录，在C盘的根目录窗口中点击右键，在弹出的菜单中选择“新建”→“文件夹”，并把新建的文件夹命名为ASM。

请把MASM. EXE、LINK. EXE、DENUG. EXE和TD. EXE都拷贝到此目录中，如图1-2所示。

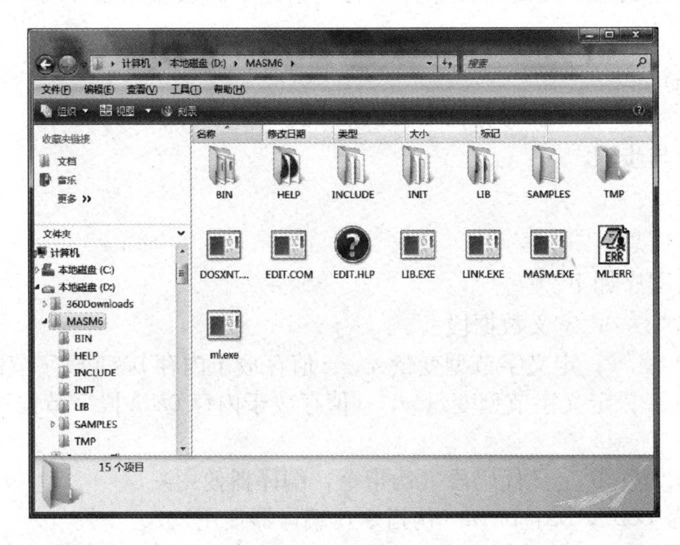

图1-2　MASM. EXE、LINK. EXE、DENUG. EXE和TD. EX等存放位置

（2）建立 ASM 源程序。

1）从“开始”→“运行”→输入“CMD”命令，进入仿真 DOS 状态，如图 1-3 所示，或“开始”→“程序”→“附件”→“命令提示符”进入。

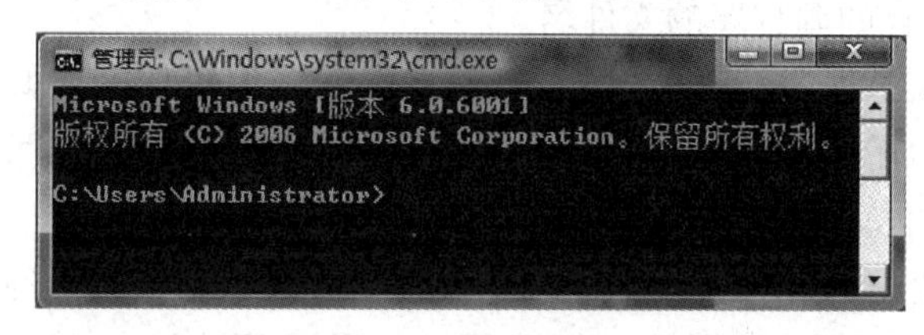

图 1-3　命令提示窗口

2）键入 D：↙，进入 D 盘（↙表示回车键），如图 1-4 所示。

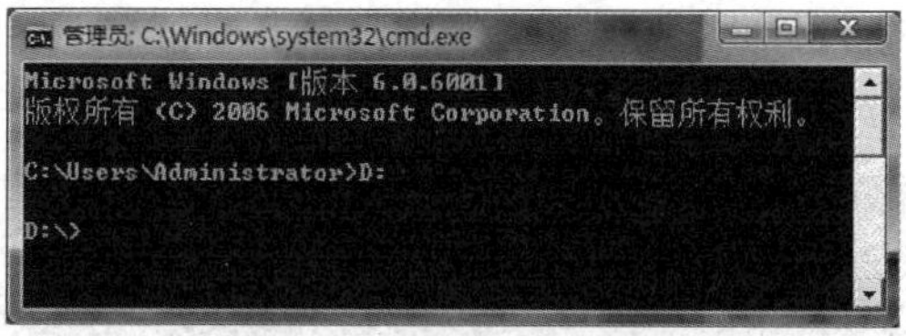

图 1-4　进入编译文件夹的根目录

3）输入 CD MASM6↙，进入 MASM6 目录（即汇编程序所在目录），如图 1-5 所示。

4）输入 EDIT↙（即 DOS 下的文本编辑程序）编辑宏汇编语言源程序，或者用 TC 编辑环境，或者用 Windows 的文本编辑程序均可，如图 1-6 所示。

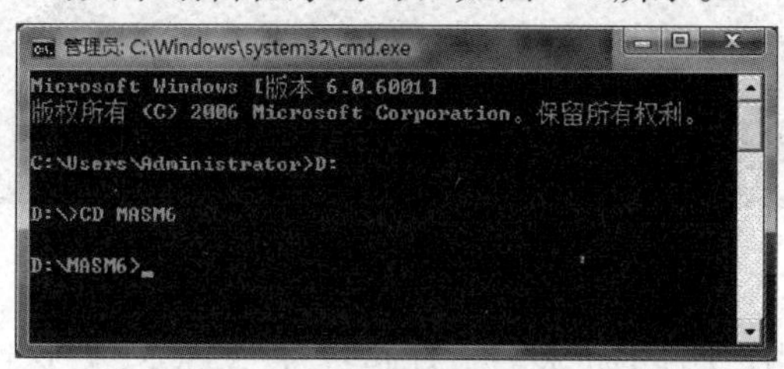

图 1-5　进入编译文件夹 MASM6

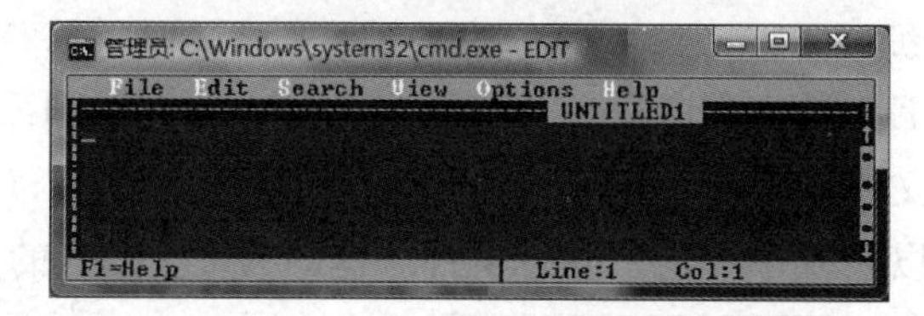

图 1-6　打开文本编辑器

建立 ASM 源程序可使用 EDIT 或 NOTEPAD（记事本）文本编辑器。下面的例子说明了用 EDIT 文本编辑器来建立 ASM 源程序的步骤（假定要建立的源程序名为 HELLO. ASM），用 NOTEPAD（记事本）建立 ASM 源程序的步骤与此类似。

窗口标题行显示了 EDIT 程序的完整路径名。紧接着标题行下面的是菜单行，窗口最下面一行是提示行。菜单可以用 Alt 键激活，然后用方向键选择菜单项，也可以直接用 Alt-F 打开 File 文件菜单，用 Alt-E 打开 Edit 编辑菜单，等等。

如果键入 EDIT 命令时已带上了源程序文件名（D：\ MASM6 \ EDIT HELLO. ASM），在编辑窗口上部就会显示该文件名。如果在键入 EDIT 命令时未给出源程序文件名，则编辑窗口上会显示“UNTITLED1”，表示文件还没有名字，在这种情况下保存源程序文件时，EDIT 会提示输入要保存的源程序的文件名。

编辑窗口用于输入源程序。EDIT 是一个和文本文档编辑程序类似，可使用方向键把光标定位到编辑窗口中的任何一个位置上，也是使用鼠标进行操作。EDIT 中的编辑键和功能键符合 Windows 的标准。

按要求逐条输入给出的源程序，源程序输入完毕后，对输入完毕的源程序存盘，其文件名由自己定，但文件的扩展名必须是“. ASM”（如果用 Windows 编辑程序，文件格式一定要选纯文本文件），文件保存位置为 D:\MASM6。用 Alt-F 打开 File 菜单，用其中的 Save 功能将文件存盘。如果在键入 EDIT 命令时未给出源程序文件名，则这时会弹出一个“Save as”窗口，在这个窗口中输入你想要保存的源程序的路径和文件名（本例中为 D:\MASM6 \HELLO. ASM），如图 1-7 所示。

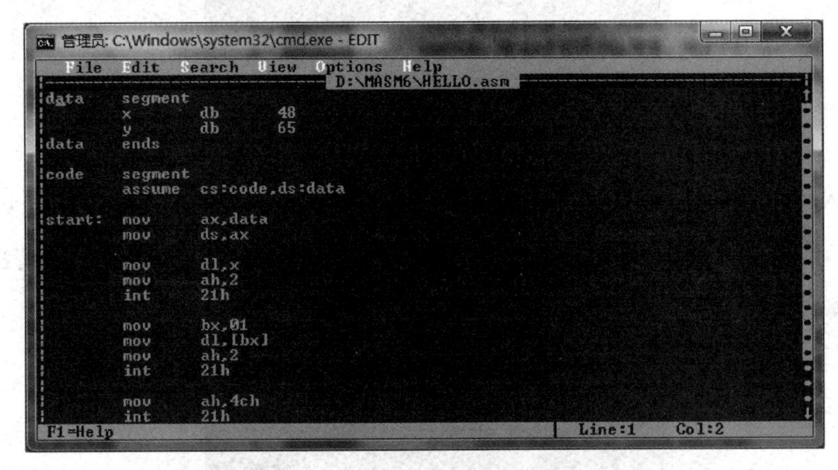

图 1-7 编辑代码并且保存源代码文件

注意：汇编语言源程序文件的扩展名最好起名为“. ASM”，这样能给后面的汇编和连接操作带来很大的方便；退出 EDIT 时，用 Alt-F 打开 File 菜单，选择 EXIT 退出，返回到 DOS 程序，方便下一步编译。

（3）用 MASM. EXE 汇编源程序产生 OBJ 目标文件。源文件 HELLO. ASM 建立后，要使用汇编程序对源程序文件汇编，汇编后产生二进制的目标文件（“. OBJ”文件）。

对源程序进行编译以生成“. OBJ”目标文件（框内为键盘输入的内容，↙表示回车）：

D:\MASM6 \><u>MASM HELLO. ASM↙</u>，如图 1-8 所示。

如果没有错误，MASM 就会在当前目录下建立一个 HELLO. OBJ 文件（名字与源文件名相同，只是扩展名不同）。如果源文件有错误，MASM 会指出错误的行号和错误的原因。图 1-9 是在汇编过程中检查出两个错误的例子。

源程序的错误类型有两类：

1）警告错误（Warning Errors）。警告错误不影响程序的运行，但可能会得出错误的结果。此例中无警告错误。

2）严重错误（Severe Errors）。对于严重错误，MASM 将无法生成 OBJ 文件。此例中有两个严重错误。

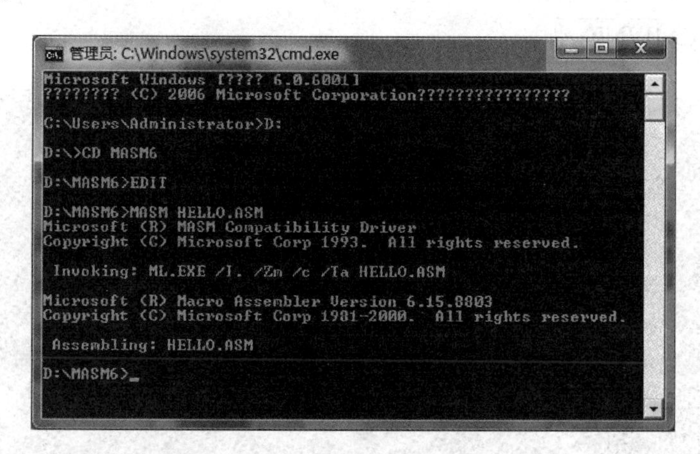

图 1-8　执行 MASM 编译指令

在错误信息中，圆括号里的数字为有错误的行号（在此例中，两个错误分别出现在第 6 行和第 9 行），后面给出了错误类型及具体错误原因。如果出现了严重错误，必须重新进入 EDIT 编辑器，根据错误的行号和错误原因来改正源程序中的错误，直到汇编没有错为止。

注意，汇编程序只能指出程序的语法错误，而无法指出程序逻辑的错误。不同版本时，以上显示内容可能不同，但基本原理是一致的。

MASM 完成对源程序的编译，若编译过程中发现语法错误，则列出错误的语句代码及错误类型，最后列出警告错误和语法错误的总数，如图 1-9 所示。

图 1-9　编译结果出现错误提示

此时，就可根据错误的性质分析错误，并使用编辑程序修改源程序，再重新汇编源程序，直至汇编后无错误发生为止。

（4）用 LINK. EXE 产生 EXE 可执行文件。在上一步骤中，汇编程序产生的是二进制目标文件（OBJ 文件），并不是可执行文件，要想使编制的程序能够运行，还必须用连接程序（LINK. EXE）把 OBJ 文件转换为可执行的 EXE 文件。连接程序并不是专为汇编语言程序设计的。如果一个程序是由若干个模块组成的，也可通过连接程序 LINK 把它们连接在一起。这些模块可以是汇编程序产生的目标文件，也可以是高级语言编译程序产生的目标文件。具体操作如下。

1）链接目标文件，对上步生成的目标文件进行链接生成扩展名为“. exe”的可执行文件，如图 1-10 所示。

D:\MASM6\>LINK↙

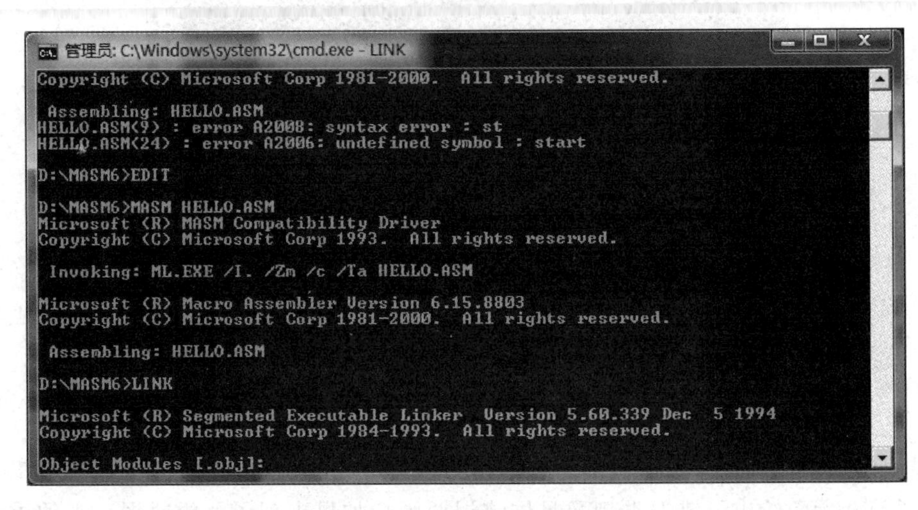

图 1-10 执行 LINK 指令

2）Object Modules [. OBJ]：hello↙注：目标文件名，扩展名不用输入，如图 1-11 所示。

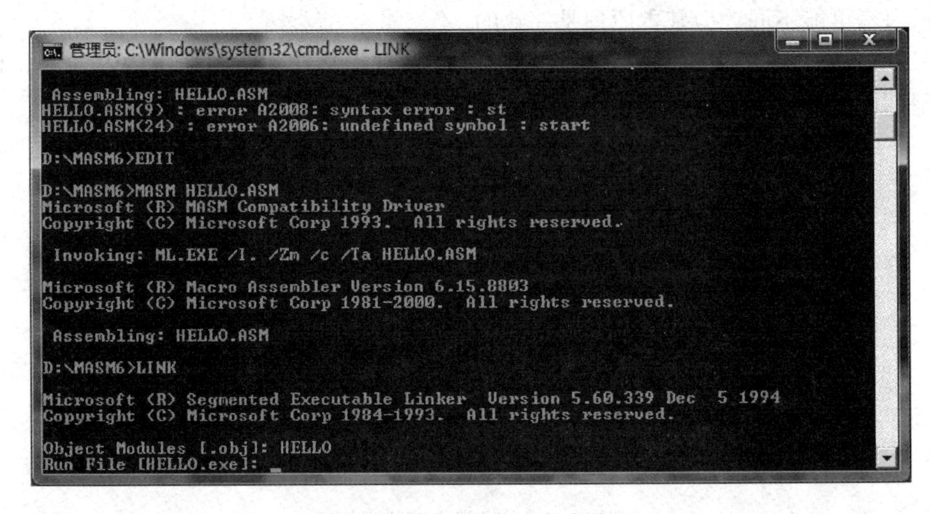

图 1-11 输入目标文件名称

3）Run File [HELLO “. EXE”]：↙　　注：可执行文件名，默认与目标文件同名。

这是询问要产生的可执行文件的文件名。一般直接回车采用方括号内规定的隐含文件名。

4）List File [NUL. MAP]：↙　　注：不输出 MAP 文件。

这是询问是否要建立连接映象文件。若不建立，则直接回车；若要建立，则输入文件名再回车。如果要建立该文件，可以输入文件名 ABC。

5）Libraries [. LIB]：↙　　注：不链接库文件。

这是询问是否用到库文件。若无特殊需要，则直接回车即可。

6）Definitions File [nul. def]：↙

上述提示行回答后，连接程序开始连接。若连接过程中有错，则显示错误信息，错误分析清楚后，要重新调入编辑程序进行修改，然后重新汇编，再经过连接，直至无错为止。连接以后，便产生了可执行程序文件（EXE 文件），如图 1-12 所示。

```
管理员: C:\Windows\system32\cmd.exe
D:\MASM6>MASM HELLO.ASM
Microsoft (R) MASM Compatibility Driver
Copyright (C) Microsoft Corp 1993.  All rights reserved.

 Invoking: ML.EXE /I. /Zm /c /Ta HELLO.ASM

Microsoft (R) Macro Assembler Version 6.15.8803
Copyright (C) Microsoft Corp 1981-2000.  All rights reserved.

 Assembling: HELLO.ASM

D:\MASM6>LINK

Microsoft (R) Segmented Executable Linker  Version 5.60.339 Dec  5 1994
Copyright (C) Microsoft Corp 1984-1993.  All rights reserved.

Object Modules [.obj]: HELLO
Run File [HELLO.exe]:
List File [nul.map]:
Libraries [.lib]:
Definitions File [nul.def]:
LINK : warning L4021: no stack segment

D:\MASM6>
```

图 1-12　LINK 指令完成界面

若连接过程有错，则显示错误信息，此时需要重新调用编辑程序修改源程序，然后再重新汇编，再经过链接，直至无错为止。如果没有错误，LINK 就会建立一个 HELLO. EXE 文件。如果 OBJ 文件有错误，LINK 会指出错误的原因。对于无堆栈警告（Warning：NO STACK segment）信息，可以不予理睬，它不影响程序的执行。

（5）运行程序及调试程序。连接成功后，在 D：\MASM6\目录下生成了一个可执行文件（扩展名为“. exe”），DOS 下用 DIR 命令可以看见该文件（或者在 Windows 文件管理器中也可看见该文件）。操作者可在该目录下直接键入文件名（或在文件管理器中双击）运行此程序：

D:\MASM6\>hello. exe↙

注：大小写均可，扩展名可不输入。回车后屏幕将显示：1A。如图 1-13 所示。

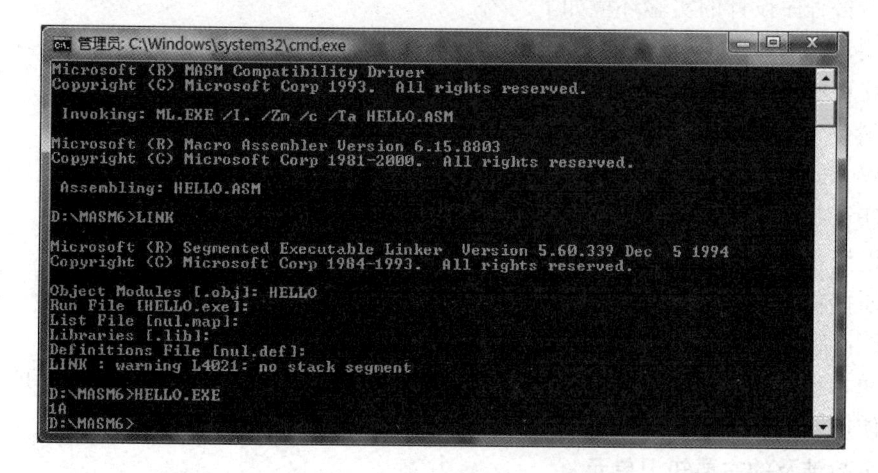

图 1-13　执行程序查看运行结果

程序运行结束后，返回 DOS。如果运行结果正确，那么程序运行结束时结果会直接显示在屏幕上。如果程序不显示结果，那么如何知道程序是否正确呢？例如，这里的 HELLO. EXE 程序并未显示出结果，所以我们不知道程序执行的结果是否正确。这时，我们就要使用 DEBUG. EXE 调试工具来查看运行结果。此外，大部分程序必须经过调试阶段才能纠正程序执行中的错误，调试程序时也要使用 DEBUG. EXE。

五、实验要求与提示

1. 实验要求

(1) 掌握汇编语言程序设计上机过程。

(2) 回答思考问题。

(3) 记录实验结果。

2. 实验提示

(1) 按照图 1-1 的上机过程进行实验。

(2) 实例程序中某些程序有错误，请同学们上机时认真检查，并在实验报告中指出。

六、思考与练习及测评标准

1. 汇编过程中 MASM　ABC 和 MASM　ABC. ASM 的结果是否一致。

2. 连接过程中 LINK　ABC 和 LINK　ABC. OBJ 的结果是否一致。

3. 使用 Word 如何录入汇编语言源程序。

实验二　利用 DEBUG 调试程序段（验证性实验）

一、实验目的

1. 熟练掌握动态调试程序 DEBUG 的使用。

2. 熟悉 DEBUG 有关命令的使用方法。

3. 利用 DEBUG 掌握有关指令的功能。

4. 利用 DEBUG 运行简单的程序段。

二、软、硬件环境

汇编语言程序设计的实验环境如下。

1. 硬件环境

微型计算机（Intel x86 系列 CPU）一台。

2. 软件环境

(1) WindowsXP/Vista/7 等 32 位操作系统。

(2) 任意一种文本编辑器 [EDIT、NOTEPAD（记事本）、UltraEDIT 等]。

(3) 汇编程序（MASM. EXE 或 TASM. EXE）。

(4) 连接程序（LINK. EXE 或 TLINK. EXE）。

(5) 调试程序（DEBUG. EXE 或 TD. EXE）。

(6) 文本编辑器建议使用 EDIT 或 NOTEPAD，汇编程序建议使用 MASM. EXE，连接程序建议使用 LINK. EXE，调试程序建议使用 EDIT. EXE。

三、实验涉及的主要知识单元

通过编辑、汇编和连接后的程序是可以执行的程序，在投入正式运行前必须进行调试，以检查程序的正确性。调试程序 DEBUG 就是用来调试汇编语言程序的一种工具。DEBUG 的主要功能有显示和修改寄存器及内存单元的内容；按指定地址启动并运行程序；设置断点使程序分段运行，以便检查程序运行过程中的中间结果或确定程序出错的位置；反汇编被调试程序，它将一个可执行文件中的指令机器码反汇编成助记符指令，并同时给出指令所在的内存地址；单条追踪或多条追踪被调试程序，它可以逐条指令执行或几条指令执行被调试程序，每执行一条（或几条）指令后，DEBUG 程序将中断程序的运行并提供有关结果信息；汇编一段程序，在 DEBUG 的汇编命令下可以直接输入助记符指令，并将其汇编成可运行程序段。此外，DEBUG 还可将磁盘指定区的内容或一个文件装入到内存或将内存的信息写到磁盘上等。

启动 DEBUG 程序：在 DOS 状态下可以用下面的命令启动 DEBUG 程序。

DEBUG [路径文件名．扩展名]

DEBUG 后面的文件名及路径是指被调试程序的文件名及路径，DEBUG 后面的文件必须是程序的可执行文件，其扩展名可以是“. EXE”或“. COM”。在此命令后，DOS 将调试程序 DEBUG 调入内存，DEBUG 接着将被调程序送入内存，如 DEBUG HELLO. EXE。

调试程序 DEBUG 的主要命令如下。

1. 显示内存单元内容的命令 D

格式 1：-D 地址

从指定地址开始，显示 128B 的内容，每行的左边显示段内偏移地址，接着显示 16 个单元的内容，最右边区域则显示这一行的 16 个单元所对应的可显示的字符。若无可显示的字符，则用圆点（小数点）填充。

D 命令中的地址可为段内偏移量，也可为段基址和段内偏移量两部分，中间用冒号隔开，如 1680：0110，即指段基址为 1680H，段内偏移量为 0110H。DEBUG 中所显示的数据均为十六进制数，且省去了后面的 H 标志。

格式 2：-D 范围

将显示指定地址范围内的内存单元的内容，起始地址可由段基址及段内偏移量两个部分组成，中间用冒号“:”隔开，也可只指出段内偏移量，而此时的段基址在 DS 中。这里所说的范围包含起始地址和结束地址，如-D DS：1000　1020

将显示数据段偏移地址为 1000H 到 1020H 的内容。

2. 修改内存单元内容的命令 E

格式 1：-E 地址内容表

它的功能是用给定的内容表去代替所指定的内存单元的内容。

例如：

```
E  DS：0110  41‘CLOSE’41
```

该命令执行后，将用列表中的 7 个字符填入从 DS：0110 到 DS：0116 的 7 个存储单元中。

格式 2：-E 地址

它的功能是可以连续地逐个修改内存单元的内容。当屏幕上显示指定单元的地址和内容后，可采取下列办法。

（1）若指定单元的内容需要修改，则将新的内容的十六进制数输入，再按空格键，修改便告完成，然后显示下一个存储单元的地址及内容，若需要修改，可进行同样的操作。若某个单元的内容不需要修改，而操作又要进行下去，则可直接按空格键。

（2）若需要显示前一个单元的地址和内容，则输入连接号“－”，若要修改，则输入新的内容；若显示前一个单元的地址和内容仍要修改，则可进行同样的操作；若显示的内容不需要修改，则可直接按“－”键，使该操作由高地址向低地址单元连续不断地进行。

（3）按<CR>键，结束 E 命令。

3. 检查和修改寄存器内容的命令 R

格式 1：R

此时将显示所有寄存器的内容和全部标志位的状态，以及现行 CS：IP 所指的机器指令代码和反汇编符号。

格式 2：R 寄存器名

该格式可用于检查和修改指定寄存器的内容。若不修改其内容，可按<CR>键，若需要修改其内容，可以输入 1～4 个十六进制数，再按<CR>键。

格式 3：RF

该格式可用于显示标志和修改标志位状态。

当系统给出标志位状态后，可采取下列办法。

（1）若不需要修改任一标志位，可按<CR>键。

（2）若需要修改一个或多个标志位，可输入其相反的值。各标志位之间可以无空格且与顺序无关，修改后按<CR>键。

由于标志位状态显示时，是用下列特殊符号表示的，因而修改时，只要输入规定的符号即可。表 1-1 为标志名和状态符号的对照表。

表 1-1　　标志名和状态符号的对照表

标志名	置位	复位
溢出 Overflow（是/否）	OV	NV
方向 Direction（减量/增量）	DN	UP
中断 Interrupt（允许/屏蔽）	EI	DI
符号 Sign（负/正）	NG	PL
零 Zero（是/否）	ZR	NZ
辅助进位 Auxiliary Carry（是/否）	AC	NA
奇偶 Parity（偶/奇）	PE	PO
进位 Carry（是/否）	CY	NC

只有追踪标志 TF，不能用指令直接修改。

例如，输入 RF 命令，系统可能做出如下响应：

OV DN EI NG ZR AC PE CY－

若现在要修改奇偶、零、中断和溢出标志位，可在光标处输入：

PO NZ DI NV<CR>

4. 运行程序命令 G

格式：G [=地址] [地址 [地址…]]

该命令可在程序运行中设置断点。它是 DEBUG 程序进行程序调试的主要命令之一。

示例：－g 001a 则执行从当前 cs：ip 至 001a 的指令，注意：地址设置必须从指令的第一字节设起。

(1) 第一个参数“＝地址”规定了程序执行的起始地址，以 CS 内容作段地址，等号后面的地址只需给出地址偏移量。此时，命令 G 与地址之间的等号不能省去。

如果在 G 命令执行前，已经设置了 CS 值和 IP 值，则也可直接用 G 命令，从指定地址执行程序。

(2) 格式中后面给出的地址是指断点地址，最多可设置 10 个断点。当程序执行到一个断点时，就停下来，显示 CPU 各寄存器的内容和标志位的状态，以及下一条待执行的指令，被调试程序的所有断点全部被取消，并返回 DEBUG。

(3) 地址参数所指的单元，必须包含有效的 8088 指令的第一个字节，否则将产生不可预料的结果。

(4) 堆栈必须至少包含有 6 个可用字节，否则也将产生不可预料的结果。

(5) 若断点地址只包括地址偏移量，则认为段地址在 CS 寄存器中。

5. 追踪命令 T

格式 1：T [＝地址]

该命令可在指令执行中进行追踪，若略去地址，则从 CS：IP 现行值执行。每次 T 命令都执行一条指令。

格式 2：T [＝地址] [值]

该命令可对多条指令进行追踪，即在执行了由值所指定的若干条指令后，停止执行并显示各寄存器的内容和各标志位，还指出下一条待执行的指令。

6. 汇编命令 A

若该调试目标程序的过程中，要求改写或增添一段目标程序，则可用 A 命令直接在 DEBUG 下实现。

格式：A [地址]

该命令可从指定地址开始，将输入的汇编语言语句立即汇编成机器代码，连续存放在内存单元中。在程序输入完毕后，最后一行不输入内容，直接按回车键，即可返回 DEBUG 程序，还可用反汇编命令 U 对刚输入的内容进行反汇编，以验证输入的程序是否正确。

使用 A 命令应遵守以下规则。

(1) 所有输入数值，均为十六进制数。

(2) 前缀助记符必须在相关指令的前面输入，可以在同一行，也可以在不同行输入。

(3) 段超越助记符为“CS:”“DS:”“ES:”“SS:”。

(4) 远调用时的返回指令助记符用 RETF。

(5) 使用串操作指令时，助记符中必须注明是字节还是字传送。

(6) 汇编语言能自动汇编短、近和远的转移及近和远的调用，也能由 NEAR 和 FAR 前缀来超越。

例如，

```
0110：0600 JMP 602；短转移
0110：0602 JMP NEAR 605；近转移
0110：0605 JMP FAR 60A；远转移
```

第一条 JMP 指令中含有一个字节偏移量。

第二条JMP指令中含有两个字节偏移量。

第三条JMP指令中含有两个字节的偏移量及两个字节的段地址。

(7) 当DEBUG不能确定某些操作数涉及的是字类型存储单元还是字节类型的存储单元时，在这种情况下，必须用前缀“WORD PTR”或“BYTE PTR”来加以说明。

例如，

NEG BYTE PTR [128]

DEC WORD [SI]

(8) 当DEBUG不能确定一个操作数是立即数还是存储单元的地址时，可以把地址放在方括号中。

(9) 两个最常用的伪指令DB和DW可以在A命令中使用，用来直接把字节或字的值送入相应的存储单元。

例如，

DB 2，5，3，4，'THIS IS AN EXAMPLE'

DW 6000，2000，7000，'BA'

(10) DEBGU支持所有形式的寄存器间接寻址命令。

例如，ADD BX，74 [BP+3] [SI-5]

POP [BX+DI]

7. 反汇编命令U

格式1：U地址

该命令从指定的地址开始，反汇编32B。若略去指定地址，则以上一个U命令反汇编的最后一条指令地址的下一条指令地址作为起始地址；若没有用过U命令，则由DEBUG初始化的段寄存器的值作段地址，以100作为地址偏移量。

格式2：U地址范围，这种格式的命令，可对指定范围的内存单元进行反汇编，范围可由起始地址、结束地址（只能包含地址偏移量）或起始地址及长度来指定。其命令格式如

U 04BA：100 0108 或 U 04BA：0100 L7

两者是等效的。

8. 输入命令I

格式：I端口地址

该命令从指定端口输入一个字节并显示。

例如，I 2E8

C C

它表示所显示的是从02E8端口输入的一个字节为CC。

9. 输出命令O

格式：O端口地址字节值

其功能是向指定的端口输出一个字节。

例如，O 2E8 12

它表示将一个字节12H送到输出端口2E8。

10. 命名命令N

格式：N文件标识符 [文件标识符]

该命令用给定的两个文件标识符格式化在 CS：5C 和 CS：6C 的两个文件控制块中（若在调用 DEBUG 时具有一个文件标识符，则它已格式化在 CS：5C 的文件控制块中），文件控制块是将要介绍的装入命令 L 和写命令 W 所需要的。

N 命令能把文件标识符和别的参数放至 CS：81 开始的参数保存区中。在 CS：80 中保存输入的字符个数，寄存器 AX 保存前两个文件标识符中的驱动器标志。

例如，

A>　DEBUG<CR>

N　TEST<CR>

L　<CR>

N 命令后，用 L 命令可将 TEST 调入自己的 CS：100 开始的存储区中。若对正在调试的程序 TEST 进行调试时，需要用到其他文件标识符及其他参数，也可用 N 命令加以实现。

例如，

A>　DEBUG TEST<CR>

N　文件 1　文件 2<CR>

11. 装入命令 L

格式 1：L<地址><驱动器号><起始逻辑扇区><所读扇区个数 n>

其中<地址>的缺省值为 CS：100。逻辑扇区可由物理扇区号换算得到，以双面双密度盘为例：物理扇区是按 0 面 0 道 1 区，0 面 0 道 2 区，……，0 面 0 道 9 区，0 面 1 道 1 区，……，0 面 39 道 9 区，1 面 0 道 1 区，……，1 面 39 道 9 区排列。而逻辑扇区与物理扇区号的对应关系为物理扇区 0 面 0 道 1 扇区至 9 扇区，逻辑扇区号为 0～8；物理扇区 1 面 0 道 1 扇区至 9 扇区，逻辑扇区号为 9～11H；物理扇区 0 面 1 道 1 扇区至 9 扇区，逻辑扇区号为 12～1AH；……这样每道先 0 面后 1 面一直排下去。

其中<驱动器号>为 0、1 或 2，0 表示 A 驱，1 表示 B 驱，2 表示硬盘。

功能，将<驱动器号>指定的盘上，从<起始逻辑扇区>起，共 n 个逻辑扇区上的所有字节顺序读入指定内存地址开始的一片连续单元。当 L 后的参数缺省时，必须在 L 之前由 N 命令指定（或进入 DEBUG 时一并指出）所读驱动器文件名。此时 L 执行后将该文件装入内存。

例如，-N EXAMPLE <Enter>

　　　　-L<Enter>

将当前驱动器上的 EXAMPLE 文件装入 CS：100 起始的一片内存单元。

格式 2：L 地址或 L

该命令把已在 CS：5C 中格式化的文件控制块所指定的文件装入指定区域中。

若省略地址，则装入 CS：100 开始的内存区域中。

若是带有扩展名“.COM”或“.EXE”文件，无论命令中是否指定了地址，一律装入 CS：100 开始的内存区域中去。

通常在 BX 和 CX 中包含了所读入文件的字节数，但对具有扩展名“.EXE”文件，则 BX 和 CX 中还包含实际程序长度。

12. 写命令 W

功能：为 L/W 命令指定待装入/写盘文件。

格式 1：W<地址><盘号><起始逻辑扇区><所写逻辑扇区数 n>

功能：与L命令不同的地方是将内存从<地址>起始的一片单元内容写入指定扇区。只有W而没有参数时，与N命令配合使用将文件写盘。该命令把由地址所指定的内存区域中的数据写入指定的驱动器。若地址中只包含偏移量，则段地址在CS中。

其中，扇区号决定了写入起始扇区；区段数决定了写入的区段个数；扇区号和区段数均用十六进制数表示。

格式2：W地址或W

该命令把指定内存区域中的数据，写入由CS：5C处的文件控制块所规定的文件中去。若省略地址，则内存区域从CS：100开始。

对于扩展名为“. EXE”或“. HEX”文件不能写入。因为这些文件的写入要用一种特殊格式，而此格式DEBUG程序不支持。

13. 退出DEBUG命令Q

格式：Q

该命令退出DEBUG程序，并返回DOS。

Q命令并不把内存中的文件存盘，若需要存盘的话，应在退出前用W命令写入磁盘。

四、实验内容与步骤

1. 实验内容

（1）进入和退出DEBUG程序。

（2）学会DEBUG中的D命令、E命令、R命令、T命令、A命令、G命令、U命令、N命令、W命令等的使用。

（3）利用DEBUG，验证乘法、除法、加法、减法、带进位加、带借位减、堆栈操作指令、串操作指令的功能。

（4）使用DEBUG调试程序调试汇编程序。

2. 实验步骤

（1）在DOS提示符下，进入DEBUG程序。

（2）详细记录每步所用的命令，以及查看结果的方法和具体结果。

（3）现有一个双字加法中存在错误。现假设已汇编、连接生成了可执行文件HB. EXE，存放在D：\ MASM目录下。请使用DEBUG对其进行调试。

```
CODE SEGMENT
      ASSUME CS：CODE，DS：CODE
      ORG 100H                    ；从100H处开始存放下列指令
START：MOV AX，CODE                  ；将DS置成CODE段的首地址
        MOV DS，AX
        MOV SI，200H              ；取第一个数的首地址
        MOV AX，[SI]              ；将第一个数的低16位取到AX
        MOV DI，204H              ；取第二个数的首地址
        ADD AX，[DI]              ；第一个数和第二个数的低16位应相加
        MOV [SI+8]，AX            ；低16位相加的结果送到208H和209H单元
        MOV AX，[SI+2]            ；取第一个数的高16位送到AX中
        ADD AX，[DI+2]            ；两个数的高16位相加
        MOV [SI+0AH]，AX          ；高16位相加的结果送到20AH，20BH单元
```

```
        MOV AX，4C00H            ；使用 DOS 的 4CH 号功能调用
        INT 21H                  ；进入功能调用，返回 DOS
        ORG 200H                 ；从 200H 处开始存放下列数据
        DD 12345678H，654387A9H，0H    ；被加数、加数、和
CODE ENDS
   END START
```

调试过程如下。

（1）进入 DEBUG 并装入可执行文件 HB. EXE。

```
D:\MASM>Debug HB. EXE<Enter>
-
```

（2）观察寄存器初始状态。

```
-R<Enter>
AX = 0000  BX = 0000  CX = 020C  DX = 0000  SP = 0000  BP = 0000  SI = 0000  DI = 0000
DS = 1892  ES = 1892  SS = 18A2  CS = 18A2  IP = 0100  NV UP EI PL NZ NA PO NC
18A2：0100 B8A218  MOV    AX，18A2
```

注：（1）以上显示的寄存器值，可能和读者的电脑显示的不一样。

（2）DEBUG 中默认是十六进制。

（3）以单步工作方式开始运行程序。首先用 T 命令顺序执行用户程序的前两条指令，将段寄存器 DS 预置为用户的数据段。

```
-T<Enter>
AX = 18A2  BX = 0000  CX = 020C  DX = 0000  SP = 0000  BP = 0000  SI = 0000  DI = 0000
DS = 1892  ES = 1892  SS = 18A2  CS = 18A2  IP = 0103  NV UP EI PL NZ NA PO NC
18A2：0103 8ED8  MOV    DS，AX
-T<Enter>
AX = 18A2  BX = 0000  CX = 020C  DX = 0000  SP = 0000  BP = 0000  SI = 0000  DI = 0000
DS = 18A2  ES = 1892  SS = 18A2  CS = 18A2  IP = 0105  NV UP EI PL NZ NA PO NC
18A2：0105 BE0002  MOV    SI，0200
```

（4）观察用户程序数据段初始内容。

```
-D 20020F<Enter>
18A2：0200  78 56 34 12 A9 87 43 65-00 00 00 00 00 74 13 50  xV4... Ce..... t. P
-
```

（5）连续工作方式运行程序至返回 DOS 前（设断点），查看运行结果。为此，现使用 U 命令反汇编。

```
-U 100<Enter>
18A2：0100 B8A218        MOV    AX，18A2
18A2：0103 8ED8          MOV    DS，AX
18A2：0105 BE0002        MOV    SI，0200
18A2：0108 8B04          MOV    AX，[SI]
18A2：010A BF0402        MOV    DI，0204
18A2：010D 0305          ADD    AX，[DI]
```

```
18A2：010F 894408          MOV     [SI+08]，AX
18A2：0112 8B4402          MOV     AX，[SI+02]
18A2：0115 034502          ADD     AX，[DI+02]
18A2：0118 89440A          MOV     [SI+0A]，AX
18A2：011B B8004C          MOV     AX，4C00
18A2：011E CD21            INT     21
-
```

可见，要执行 10 条指令，至 011B 处停止。

```
-G=100，011B<Enter>
AX=7777  BX=0000  CX=020C  DX=0000  SP=0000  BP=0000  SI=0200  DI=0204
DS=18A2  ES=1892  SS=18A2  CS=18A2  IP=011B  NV UP EI PL NZ NA PE NC
18A2：011B B8004C          MOV     AX，4C00
-D 200 20F<Enter>
18A2：0200  78 56 34 12 A9 87 43 65-21 DE 77 77 43 43 83 06   xV4... Ce!. wwCC..
-
```

和为 7777DE21H，正确。

（6）再取一组数据，查看运行结果。为此，首先用 E 命令修改数据。

```
-E 200 CD，AB，78，56，90，EF，34，12<Enter>
-D 200 20F<Enter>
18A2：0200  CD AB 78 56 90 EF 34 12-21 DE 77 77 43 43 83 06   .. xV.. 4.!. wwCC..
-G=100，11B<Enter>
AX=68AC  BX=0000  CX=020C  DX=0000  SP=0000  BP=0000  SI=0200  DI=0204
DS=18A2  ES=1892  SS=18A2  CS=18A2  IP=011B  NV UP EI PL NZ NA PE NC
18A2：011B B8004C          MOV     AX，4C00
-D 200 20F<Enter>
18A2：0200  CD AB 78 56 90 EF 34 12-5D 9B AC 68 43 43 83 06   .. xV.. 4.] .. hCC..
-
```

和为 68AC9B5DH，错误。说明程序有问题。

（7）再将断点设在完成低位字加法后，查看运行结果。

```
-G=100，112<Enter>
AX=9B5D  BX=0000  CX=020C  DX=0000  SP=0000  BP=0000  SI=0200  DI=0204
DS=18A2  ES=1892  SS=18A2  CS=18A2  IP=0112  NV UP EI NG NZ NA PO CY
18A2：0112 8B4402          MOV     AX，[SI+02]                DS：0202=5678
-D 200 20F<Enter>
18A2：0200  CD AB 78 56 90 EF 34 12-5D 9B AC 68 43 43 83 06   .. xV. . 4. ] . . hCC. .
-
```

低位和为 9B5D，正确。说明错误可能出在后面。

（8）使用 T 命令从刚才的断点处向后单步调试，查看运行结果。

```
-T=112<Enter>
AX=5678  BX=0000  CX=020C  DX=0000  SP=0000  BP=0000  SI=0200  DI=0204
DS=18A2  ES=1892  SS=18A2  CS=18A2  IP=0115  NV UP EI NG NZ NA PO CY
```

```
18A2:0115 034502        ADD       AX,[DI+02]         DS:0206=1234
-T<Enter>
AX=68AC  BX=0000  CX=020C  DX=0000  SP=0000  BP=0000  SI=0200  DI=0204
DS=18A2  ES=1892  SS=18A2  CS=18A2  IP=0118  NV UP EI PL NZ NA PE NC
18A2:0118 89440A        MOV       [SI+0A],AX         DS:020A=68AC
-
```

AX 寄存器的结果为 68AC，而应为 68AD。可见是本条加法指令使用错误，这里应使用带进位加法指令。

（9）使用 A 命令装入正确指令后再次运行，察看结果。

```
-A 115<Enter>
18A2:0115 ADC AX,[DI+02] <Enter>
18A2:0118<Enter>
-G=100,11B<Enter>
AX=68AD  BX=0000  CX=020C  DX=0000  SP=0000  BP=0000  SI=0200  DI=0204
DS=18A2  ES=1892  SS=18A2  CS=18A2  IP=011B  NV UP EI PL NZ NA PO NC
18A2:011B B8004C        MOV       AX,4C00
-D 200 20F<Enter>
18A2:0200  CD AB 78 56 90 EF 34 12-5D 9B AD 68 43 43 83 06   ..xV..4.]..hCC..
-
```

和为 68AD9B5DH，正确。对于这样一个简单程序一般来说不会再有问题。退出后修改源程序即可。

（10）退出。

```
-Q<Enter>
D:\>
```

需要说明的是此程序很简单，只需使用 T 命令逐条单步调试即可。本例是为了说明程序调试的一般方法，以便读者调试复杂程序时借鉴。

五、实验要求与提示

1. 实验要求

（1）熟练掌握 DEBUG 的命令。

（2）熟练掌握使用 DEBUG 调试汇编程序。

（3）回答思考问题。

（4）记录实验结果。

2. 实验提示

一般使用 DEBUG 调试汇编程序的步骤如下。

（1）调用 DEBUG，装入用户程序。

（2）观察寄存器初始状态。

（3）以单步工作方式开始运行程序。

（4）观察用户程序数据段初始内容。

（5）继续以单步工作方式运行程序。

（6）连续工作方式运行程序。

（7）修改程序和数据。

（8）运用断点调试程序。

六、思考与练习及测评标准

（1）如何启动和退出 DEBUG 程序？

（2）整理每个 DEBUG 命令使用的方法，实际示例及执行结果。

（3）启动 DEBUG 后，要装入某个“. EXE”文件，应通过什么方法实现？

（4）用 DEBUG 调试程序时，如何设置断点？

（5）编写计算下面函数值的程序：

$$y=\begin{cases}1, & x>0\\0, & x=0\\-1, & x<0\end{cases}$$

设输入数据为 X、输出数据 Y，且皆为字节变量，使用 Debug 查看 X、Y 两个变量的数据。

（6）分类统计字数组 data 中正数、负数和零的个数，并分别存入内存字变量 Positive、Negative 和 Zero 中，数组元素个数保存在其第一个字中。使用 DEBUG 查看 POSITIVE、NEGATIVE 和 ZERO 三个变量的数据。

七、参考程序

；CH1EX1. ASM

编写计算下面函数值的程序。

$$y=\begin{cases}1, & x>0\\0, & x=0\\-1, & x<0\end{cases}$$

实验视频

设输入数据为 X、输出数据 Y，且皆为字节变量程序。源程序如下。

```
DATA  SEGMENT
    X  DB  -10
    Y  DB  ?
DATA  ENDS
STACK  SEGMENT  STACK
    DB  200 DUP (0)
STACK  ENDS
CODE  SEGMENT
    ASSUME  DS: DATA, SS: STACK, CS: CODE
START: MOV  AX, DATA
    MOV  DS, AX
    CMP  X, 0          ; 与 0 进行比较
    JGE  A1            ; X≥0 转 A1
    MOV  Y,   -1       ; X<0 时, -1→Y
    JMP    EXIT
A1: JG  A2             ; X>0 转 A2
    MOV  Y, 0          ; X = 0 时, 0→Y
    JMP    EXIT
```

```
A2：MOV  Y，1        ；X>0，1→Y
EXIT：MOV AH，4CH
    INT  21H
CODE  ENDS
  END  START
```

* *

```
DEBUG CH1EX1.EXE
-U
```

执行反汇编指令，如图 1-14 所示。再次执行反汇编指令显示最后一条指令地址，如图 1-15 所示。

```
管理员: C:\Windows\system32\cmd.exe - DEBUG CH1EX1.EXE
D:\MASM6>LINK

Microsoft (R) Segmented Executable Linker  Version 5.60.339 Dec  5 1994
Copyright (C) Microsoft Corp 1984-1993.  All rights reserved.

Object Modules [.obj]: CH1EX1
Run File [CH1EX1.exe]:
List File [nul.map]:
Libraries [.lib]:
Definitions File [nul.def]:

D:\MASM6>DEBUG CH1EX1.EXE
-U
1A25:0000 B8171A        MOV     AX,1A17
1A25:0003 8ED8          MOV     DS,AX
1A25:0005 803E000000    CMP     BYTE PTR [0000],00
1A25:000A 7D07          JGE     0013
1A25:000C C6060100FF    MOV     BYTE PTR [0001],FF
1A25:0011 EB0E          JMP     0021
1A25:0013 7F07          JG      001C
1A25:0015 C606010000    MOV     BYTE PTR [0001],00
1A25:001A EB05          JMP     0021
1A25:001C C606010001    MOV     BYTE PTR [0001],01
-
```

图 1-14 执行反汇编指令

```
-U
```

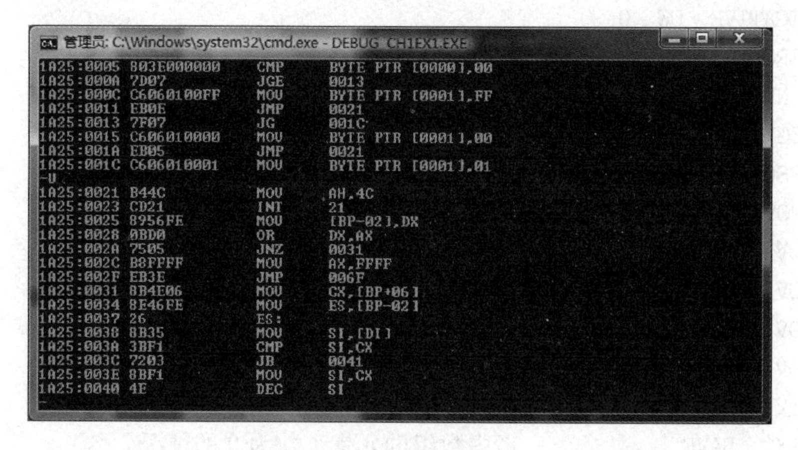

图 1-15 再次执行反汇编指令显示最后一条指令地址

可知道该程序执行的最后一条指令的地址是 1A25：0023。

键入如下两条命令，第一条命令是使程序运行到 1A25：0023 结束，第二条命令是显示数据段的内容，就可以显示 X、Y 的值了。运行 G 指令到最后一行指令并查看数据段，如图 1-16 所示。

```
-G 0023
-D DS: 0
```

```
管理员: C:\Windows\system32\cmd.exe - DEBUG CH1EX1.EXE
1A25:002F EB3E          JMP     006F
1A25:0031 8B4E06        MOV     CX,[BP+06]
1A25:0034 8E46FE        MOV     ES,[BP-02]
1A25:0037 26            ES:
1A25:0038 8B35          MOV     SI,[DI]
1A25:003A 3BF1          CMP     SI,CX
1A25:003C 7203          JB      0041
1A25:003E 8BF1          MOV     SI,CX
1A25:0040 4E            DEC     SI
-G 0023

AX=4C17  BX=0000  CX=0105  DX=0000  SP=00C8  BP=0000  SI=0000  DI=0000
DS=1A17  ES=1A07  SS=1A18  CS=1A25  IP=0023   NV UP EI NG NZ NA PE NC
1A25:0023 CD21          INT     21
-D DS:0000
1A17:0000  F6 FF 00 00 00 00 00 00-00 00 00 00 00 00 00 00   ................
1A17:0010  00 00 00 00 00 00 00 00-00 00 00 00 00 00 00 00   ................
1A17:0020  00 00 00 00 00 00 00 00-00 00 00 00 00 00 00 00   ................
1A17:0030  00 00 00 00 00 00 00 00-00 00 00 00 00 00 00 00   ................
1A17:0040  00 00 00 00 00 00 00 00-00 00 00 00 00 00 00 00   ................
1A17:0050  00 00 00 00 00 00 00 00-00 00 00 00 00 00 00 00   ................
1A17:0060  00 00 00 00 00 00 00 00-00 00 00 00 00 00 00 00   ................
1A17:0070  00 00 00 00 00 00 00 00-00 00 00 00 00 00 00 00   ................
-
```

图 1-16 运行 G 指令到最后一行指令并查看数据段

；CH1EX2. ASM

；分类统计字数组 data 中正数、负数和零的个数，并分别存入内存字变量 POSITIVE、NEGATIVE 和 ZERO 中，数组元素个数保存在其第一个字中。

实验视频

源程序如下。

```
DATA1  SEGMENT
       DATA  DW  10
       DW  2130, -43, 31, -321, -1234, 345, 0, 3213, 0, 5477
       POSITIVE  DW  0
       NEGATIVE  DW  0
       ZERO  DW  0
DATA1  ENDS
CODE  SEGMENT
       ASSUME  CS: CODE, DS: DATA1
START: MOV AX, DATA1
       MOV  DS, AX
       MOV  AX, 0              ; 用 AX 来对正数计数
       MOV  BX, 0              ; 用 BX 来对负数计数
       MOV  DX, 0              ; 用 DX 来对零计数
       MOV  CX, DATA           ; 用 CX 来进行循环计数
       JCXZ  SAVE              ; 考虑数组的元素个数为 0 的情况
       LEA  SI, DATA+2         ; 用指针 SI 来访问整个数组
AGAIN: CMP WORD PTR [SI], 0
       JL  LOWER
       JE  EQUAL
       INC  AX
       JMP  LOOP1
```

```
LOWER：INC BX
       JMPLOOP1
EQUAL：INC DX
LOOP1：ADD SI，2
       LOOP   AGAIN
SAVE：MOV POSITIVE，AX       ；把各类统计数保存到内存单元中
       MOV   NEGATIVE，BX
       MOV   ZERO，DX
       MOV   AH，4CH
       INT   21H
CODE   ENDS
END   START
```

使用 DEBUG 查看 POSITIVE、NEGATIVE 和 ZERO 三个变量的数据，参照上面的方法就可以了。

实验三　Windows 环境下的汇编语言集成编程环境（验证性实验）

一、实验目的

1. 熟练掌握 Windows 环境下汇编语言程序设计的基本方法和技能。

2. Borland 公司出品的汇编语言调试工具 TD 的使用。

二、软、硬件环境

汇编语言程序设计的实验环境如下。

1. 硬件环境

微型计算机（Intel x86 系列 CPU）一台。

2. 软件环境

WindowsXP/Vista/7 等 32 位操作系统和轻松汇编软件。

三、实验涉及的主要知识单元

1. 轻松汇编集成开发环境的介绍

轻松汇编是一个汇编语言的集成开发环境，主要面向汇编语言的初学者，提供了一个在 Windows 界面下的汇编语言开发环境，具有一般集成开发环境所提供的功能。例如，原来需要烦琐的命令行才能完成的工作，现在只需要简单的鼠标点击就可以完成，而且复杂的参数也只要进行一下设置就可以了。它会截获错误信息，并显示在错误窗口上，只要点击一下错误信息，对应的错误行就会在编辑窗口突出显示出来。

轻松汇编集成开发环境针对汇编语言的特殊性和汇编语言初学者的特殊性，提供了一些专门针对汇编语言和专门针对汇编语言初学者的功能。例如，格式整理，当写完一行程序，换行时，轻松汇编会自动先简单地检查该行语法，如无错误则整理该行的格式，使汇编程序格式整齐，具有如同艺术品一样的建筑美。在集成环境里，具有交叉文件和映像文件的自动读入功能，使初学者阅读交叉文件和映像文件更方便，有利于初学者养成良好的编程习惯和加深对汇编语言、机器语言的理解。

目前主流的汇编语言编译器有 Microsoft 的 MASM 和 Borland 的 TASM，两者都是 DOS

平台的汇编工具，互相是兼容的，在 MASM 下写成的程序一般不加修改就可在 TASM 下编译通过，而 TASM 下的部分程序也可在 MASM 下编译通过。但是 TASM 的调试工具 TD 比 MASM 的调试工具 CV 要好用得多，所以在轻松汇编中选用了 TASM。轻松汇编调用的是 TASM 5.0 作为内核编译汇编程序的，错误信息也是通过 TASM 5.0 来截获的。

MASM 对语法的要求比 TASM 的要严格一点，一是“C”在 MASM 中是个保留字而在 TASM 中不是；二是定义子程序时，MASM 要求在 ENDP 指令前面写上子程序的名字，而 TASM 不要求，但 TASM 不允许一些英文单词作为变量名和标号名。

（1）TASM 的格式。

TASM ［参数］［汇编文件名］［，目标文件名］［，交叉文件名］［，XREF 文件名］

其中，参数是要 TASM 编译用的参数，如/la 等。

汇编文件名是要编译的文件名。

目标文件名、交叉文件名、XREF 文件名是要生成的此类文件的文件名。例如，TASM/l/zi c:\word.asm，c:\word.obj，c:\word.lst，c:\word.xef。其作用是编译在 C:\Word.asm，生成目标文件、交叉文件、XREF 文件。其中，交叉文件名、目标文件名和 XREF 文件名是可以省略的。

（2）TASM 的参数。

/zi 生成全部调试信息

/zd 生成部分调试信息

/la 生成详细交叉文件

/l 生成简略交叉文件

用到的主要就是上面这四个，调试信息是一些在可执行文件中的附加信息，包含在编译完成的机器指令中，CPU 执行的时候会忽略这些附加信息，但是在用 TD 调试的时候，可以通过这些附加信息，找到机器指令在原代码中对应的部分，从而实现原代码形式的调试。生成调试信息会使可执行文件变得很大，所以在发布一个应用程序的时候，最好不要生成调试信息。而且在 Com 文件中，调试信息是不能附加进去的。

交叉文件是编译的结果机器指令和对应的原代码之间的对应关系列表，详细的交叉文件还有宏扩展、变量定义、子程序定义等其他信息的列表。学会阅读交叉文件对学习汇编语言很有好处。交叉文件也叫列表文件。

（3）TLink 的格式。

TLink ［参数］目标文件文件名［，可执行文件名］［，映像文件名］

例如，Tlink /m c:\word.obj，c:\word.com，c:\word.map 是把 c:\word.obj 编译成 C:\word.exe，并且生成映像文件 c:\word.map。其中，可执行文件名和映像文件名可以省略。

（4）TLink 的参数。

/v 把调试信息链接到可执行文件中

/t 用细小模式，生成 Com 文件

/m 生成映像文件

主要用到的就是上面这三个，其中/v 的含义是当 TASM 用/zi 或/zd 生成了调试信息，还要在 Link 中使用这个参数，才可以最终把调试信息编译到可执行文件中，实现原代码形式的调试。使用/t 要注意使用该参数时，只能有一个代码段，否则会报错，链接失败。映像文件是可执行文件的一些信息，分析映像文件可分析程序的性能。

2. Turbo Debugger 调试工具的介绍

TD（Turbo Debugger）是美国 Borland 公司的经典产品 BC3.1 中包含了一个重要的应用程序调试工具，可以实现原代码级的调试。应用程序调试工具就是让应用程序在调试工具软件 TD 的监控下运行，从而让程序设计者能即时了解应用程序在运行过程中的状态或结果，这些结果或状态包括 CPU 的寄存器、存储器、程序变量和 I/O 端口状态。

TD 是一个多窗口调试工具，其中的一个窗口为源代码，另外一个窗口可以随着程序运行同步显示相关的信息，用户可设定显示内容。窗口的上部为下拉菜单，每个菜单名的第一个字母为红色，为关键字，打开下拉菜单操作为 Alt+＜关键字＞。关闭操作则总是按 Esc 键。主界面的下部为常用的调试功能快捷键，也是以红色标注。

最常用的下拉菜单是 View，按 Alt+V 弹出 View 菜单，如图 1-17 所示。

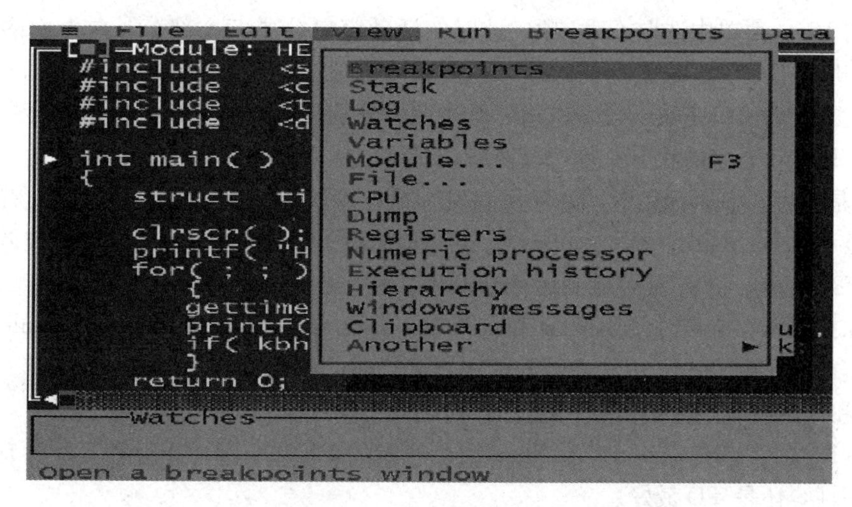

图 1-17　TD 的 View 菜单

View 菜单主要用于选择各种显示窗口，以观察所需信息。菜单中每一选择行中的红色字母为快捷键。最常用的为 CPU 和 Dump 窗口，CPU 窗口用于观察对应的汇编指令、CPU 的寄存器内容和 I/O 端口，而 Dump 窗口主要用于查看存储器中的数据。直接按红色的快捷键字母，就可打开相应窗口，如按 C 键打开 CPU 窗口，如图 1-18 所示。

CPU 窗口由若干子窗口组成，包括汇编、CPU、Registers、CPU Flag、堆栈和 Dump 窗口。通过 Tab 键可循环激活各个子窗口。特别的，在汇编窗口还可进行 I/O 端口的读写。

对 TD 的多窗口，通常用 Alt+＜数字＞来直接激活所关心的窗口，如图 1-18 中 Alt+1 激活源程序窗口、Alt+2 激活 watches 窗口、Alt+3 激活 CPU 窗口。按 Alt+F3 则关闭当前激活窗口。可反复使用这些快捷键来熟悉 TD 窗口的界面操作。

假设我们调试 abc. asm，在命令行下，编译、链接生成可执行文件，然后得到了可执行文件 abc. exe。在命令行键入 td abc. exe，就进入了 td 的调试界面，或直接键入 td，这样进入 td 后要在 File 菜单中再打开 abc. exe。

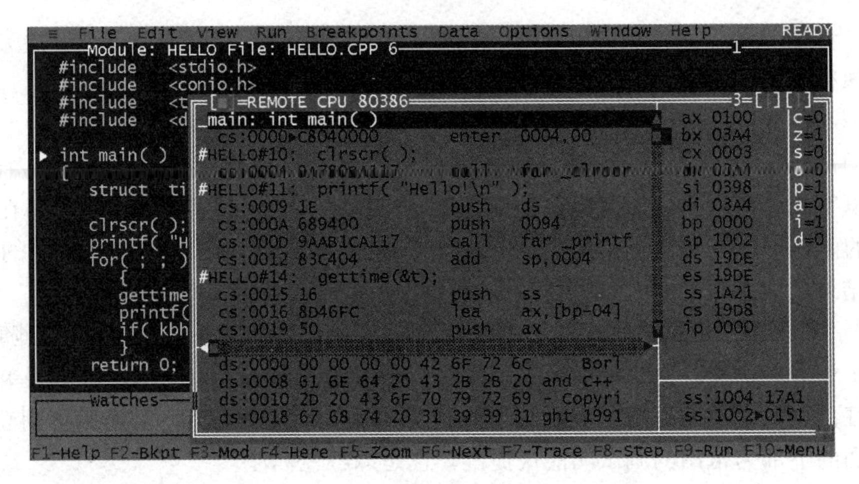

图 1-18 TD的CPU窗口

然后在View菜单中选取CPU项，此时的活动窗口分成五个部分，左上面的大窗口是abc.exe的机器指令和汇编指令的对应，也就是代码段，有一个右箭头指向abc.exe的第一条指令；左下方的窗口是数据段；右边三个小窗口分别是寄存器窗口，显示寄存器数据；状态字窗口，显示状态字的状态；堆栈段窗口，显示堆栈中的信息。

按F9是执行，在执行完毕，如果没有发生执行阶段的错误，如被零除等，就会有一个弹出窗口显示“Termined，exite code 0”。F7和F8是单步执行，F7可以进入被调用函数的内部，而F8不能。Alt+F5可看到运行结果在屏幕上的输出。

如果你在编译和链接时使用了/zi和/v参数，那么可在View菜单中选Module项，或按F3，显示汇编原代码调试，用法和上面的一样。这时的感觉就和TC或TP一样。但是如果没有用/zi和/v，会收到报错信息“Program has no symbol table.”

其他的调试工具还有Microsoft的cv和最原始的DEBUG，功能上和TD各有千秋，但是要说易用性，还是TD最好。

四、实验内容与步骤

1. 实验内容

编写程序，判断一个年份是否为闰年。

2. 实验步骤

(1) 输入一个汇编程序源程序。程序见本章实验一。

```
DATA   SEGMENT
  INFON  DB    0DH, 0AH, 'Please input a year:  $'
    Y  DB    0DH, 0AH, 'This is a leap year!  $'
    N  DB    0DH, 0AH, 'This is not a leap year!  $'
    W  DW    0
  BUF  DB    8
    DB    ?
    DB    8 DUP (?)
  DATA  ENDS
STACK  SEGMENT 'stack'
```

```
    DB    200 DUP (0)
STACK  ENDS
  CODE  SEGMENT
    ASSUME DS：DATA，SS：STACK，CS：CODE
START：MOV  AX，DATA
    MOV  DS，AX
    LEA  DX，INFON
    MOV  AH，9
    INT  21H
    LEA  DX，BUF
    MOV  AH，10
    INT  21H
    MOV  CL，[BUF+1]
    LEA  DI，BUF+2
    CALL  DATACATE
    CALL  IFYEARS
    JC    A1
    LEA  DX，N
    MOV  AH，9
    INT  21H
    JMP  EXIT
  A1：LEA  DX，Y
    MOV  AH，9
    INT  21H
  EXIT：MOV  AH，4CH
    INT  21H
  DATACATE  PROC  NEAR
    LEA  SI，BUF+2
    MOV  BX，0
  X3：MOV  AL，[SI]
    SUB  AL，30H
    MOV  AH，0
    XCHG  AX，BX
    MOV  DX，10D
    MUL  DX
    XCHG  AX，BX
    ADD  BX，AX
    INC  SI
    LOOP  X3
    MOV  W，BX
    RET
  DATACATE  ENDP
```

```
IFYEARS  PROC  NEAR
  PUSH  BX
  PUSH  CX
  PUSH  DX
  MOV  AX, W
  MOV  CX, AX
  MOV  DX, 0
  MOV  BX, 4
  DIV  BX
  CMP  DX, 0
  JNZ  LAB1
  MOV  AX, CX
  MOV  BX, 100
  DIV  BX
  CMP  DX, 0
  JNZ  LAB2
  MOV  AX, CX
  MOV  BX, 400
  DIV  BX
  CMP  DX, 0
  JZ    LAB2
LAB1: CLC
  JMP  LAB3
LAB2: STC
LAB3: POP  DX
  POP  CX
  POP  BX
  RET
IFYEARS  ENDP
  CODE  ENDS
  END  START
```

（2）编译、运行一个汇编程序。

点击：运行—生成目标文件，轻松汇编就会自动生成目标文件，另外，根据设定，还会生成其他文件。默认是生成交叉文件和映像文件，点击右上角的按钮就可看到这两个文件。

如果有语法错误，编译会失败，错误信息会显示在下面的窗口中，点击错误信息，错误行就会突出显示出来。

点击：运行—运行，轻松汇编就会自动完成编译、链接、运行当前程序。在程序运行时是全屏方式，结束后变成窗口方式，不会退出。

点击：运行—调试，轻松汇编就会自动完成编译、链接、调试的工作，使用的是 TD 作为调试工具。

（3）练习对轻松汇编进行个人设置，让它更符合个人习惯。在轻松汇编中根据初学者的特点，提供了很有特色的功能，如果不喜欢，可以关掉它，对于运行的参数，同样也是通过设置来改变的。在设置窗体中进行如下设置。

1）格式设定：在这里的下拉框中有三个选项，全部大写、全部小写和不处理，选定后的结果分别是在进行格式处理时对格式化结果的处理。

2）自动整理格式：选定后在换行的时候会对原来行进行格式整理，如果没有选定就不整理格式。

3）采用调试模式：选定后在编译时包括参数/zi，在链接时包括参数/v，这样生成的可执行文件比较大，包含了用TD调试时所需要的信息，可以实现源代码调试；如不选定，不能实现源代码调试，在调试的时候不太方便。推荐选定该选项。

4）编译生成Com文件：选定该选项后在链接时包括参数/t，如果你写的是一个Com文件的汇编代码，那么就可以选定以生成一个Com后缀的文件。在选定该选项后调试时不能实现源代码调试，所以最好在编写、调试的时候不选定，最后调试通过后再选定该选项生成Com文件。如果不选定，即使是Com文件的汇编代码也是可以编译通过的，只不过生成的是一个exe文件。推荐不选定。

5）自定义参数：就是个人提供TASM和TLink的参数，如果你对TASM了解比较多，可以实现其他参数功能，但是对于一般的学习者，并不需要自定义参数，以免使程序运行时出问题。

6）程序格式：在这里控制格式整理的方式，可以设置后查看效果。不过推荐用默认方式。

7）显示导航栏：选中后显示导航栏，否则不显示。

8）显示错误栏：选中后显示错误栏，否则不显示。推荐选中，因为不选中的话，有错误它也不会自动显示的。

（4）Turbo Debugger调试工具的使用。轻松汇编集成开发环境下点击“运行”菜单，选“调试”功能就进入TD。另外，通过下述程序段的输入和执行来学习TD软件的使用，通过显示器屏幕观察程序的执行情况。

```
MOV BL，15H
MOV CL，BL
MOV AX，0ABCDH
MOV BX，AX
MOV DS：[0025H]，BX
```

操作步骤如下。

1）启动TD。

2）使CPU窗口为当前窗口。

3）输入程序段。

利用↑、↓方向键移动光条来确定输入位置，然后从光条所在的地址处开始输入，建议把光条移动到CS：0100H处开始输入程序。

在光条处直接键入程序段指令，键入时屏幕上会弹出一个输入窗口，这个窗口就是指令的临时编辑窗口。每输入完一条指令，按Enter键，输入的指令即可出现在光条处，同时光条自动下移一行，以便输入下一条指令。

窗口中前面曾经输入过的指令可重复使用，只要用方向键把光标定位到所需的指令处，按回车键即可。

4）执行程序段。

方法一：使用单步执行的方法执行程序段。

使IP指向程序段的开始处，方法是把光条移动到程序段开始的第一条指令处，按Alt+F10键，弹出CPU窗口的局部菜单，选择“NEW CS：IP”项，按Enter键，这时CS和IP寄存器（在CPU窗口中用“▼”符号表示，“▼”符号指向的指令就是当前要执行的指令）就指向了当前光条所在的指令。

直接修改IP的内容为程序段第一条指令的偏移地址：用F7或F8单步执行程序段。每按一次F7或F8键，就执行一条指令。按F7或F8键直到程序段的所有指令都执行完为止，这时光条停在程序段最后一条指令。

F7或F8键的区别是如果执行的指令是CALL指令，F7会单步执行进入子程序中，而F8则会把子程序执行完，然后停在CALL指令的下一条指令处。

方法二：用设置断点的方法执行程序段。

把光条移动到程序段最后一条指令的下一行，按F2键设置断点。

使用方法一中的方法使IP寄存器指向程序段的开始处。

按F4或F9键运行程序段，CPU从IP指针开始执行到断点位置停止。

5）检查各寄存器和存储单元的内容。寄存器窗口显示在CPU窗口的右边，寄存器窗口中直接显示了各寄存器的名字及其当前内容。在单步执行程序时可随时观察寄存器内容的变化。

存储器窗口显示在CPU窗口的下部，若要检查存储器单元的内容，可连续按下Tab键使存储器窗口为当前窗口，然后按Alt+F10键，弹出局部菜单。选择GOTO项，然后输入要查看的存储单元的地址，如DS：25H，存储器窗口就会从该地址处开始显示存储区域的内容。每行显示8B的内容。

五、实验要求与提示

1. 实验要求

（1）掌握Windows环境下汇编语言程序设计上机过程。

（2）回答思考问题。

（3）记录实验结果。

2. 实验提示

在本实验教程中后面的程序例题中，选一些程序输入轻松汇编集成开发环境中熟悉该软件的使用。

六、思考与练习及测评标准

1. 小结Turbo Debugger的使用方法。
2. 在轻松汇编窗口集成开发环境中如何显示或关闭导航栏和错误栏？
3. 在轻松汇编窗口集成开发环境中交叉文件和映像文件的作用是什么？

七、DEBUG应用举例

1. CMOS数据的保存、恢复

CMOSRAM的“地址口”的口地址为70H，“数据口”的口地址为71H，读取时只需将读的CMOSRAM的地址送到70H，随后就可从71H中得到所需数据。

读取 CMOS 数据进入 DEBUG。

```
    - A 100
****：*100 MOV BX，1000
****：****MOV CX，0040
****：****MOV AX，0000
****：0109 MOV DX，CX
****：****MOV CX，0005
****：010E LOOP 010E
****：****OUT 70，AL
****：****MOV CX，0005
****：0115 LOOP 0115
****：****IN AL，71
****：****MOV [BX]，AL
****：****CMP AH，0E
****：****JB 0123
****：****ADD AH，80
****：0123 INC AH
****：****INC BX
****：****MOV CX，DX
****：****MOV AL，AH
****：****LOOP 0109
****：****MOV AH，3C
****：****MOV DX，0150
****：****MOV CX，0020
****：****INT 21
****：****MOV BX，AX
****：****MOV DX，1000
****：****MOV CX，0040
****：****MOV AH，40
****：****INT 21
****：****MOV AH，4C
****：****INT 21
-A 150
****：0150 DB" CMOS.DAT"，0
****：0159
-R CX
CX 0000
  ：60
-N SAVE CMOS.COM
-W
-Q
-W 100 2 0 1
```

```
-Q
```

恢复 CMOS 数据，进入 DEBUG。

```
-A 100
****：****100 MOV CX, 0150
****：****MOV AH, 3D
****：****MOV AL, 00
****：****INT 21
****：****MOV DX, 1000
****：****MOV BX, AX
****：****MOV CX, 0040
****：****MOV AH, 3F
****：****INT 21
****：****MOV AX, 0000
****：****MOV BX, DX
****：****MOV DX, CX
****：****MOV CX, 0005
****：****LOOP 011F
****：****MOV AL, AH
****：****OUT 70, AL
****：****MOV CX, 0005
****：****LOOP 0128
****：****MOV AL, [BX]
****：****OUT 71, AL
****：****JB 0136
****：****ADD AH, 80
****：****INC AH
****：****INC BX
****：****MOV CX, DX
****：****LOOP 011A
****：****MOV AX, 0040
****：****MOV DS, AX
****：****MOV AX, 1234
****：****MOV [0072], AX
****：****JMP FFFF：0000
-A 150
****：0150 DB "CMOS.DAT", 0
****：0159
-R CX
  CX 0000
 ：60
-N WRITE CMOS.COM
-W
```

-Q

2. DOS 引导扇区数据的保存与恢复

DOS 引导程序是被读到内存 0000：7C00 初开始执行的。

获得正常的引导程序。

进入 DEBUG。

```
-L 100 2 0 1
-N A：DOSBOOT.COM
-R CX
：200
-W
-Q
```

装入引导程序。

进入 DEBUG。

```
-N A：DOSBOOT.COM
-L
-R CX
：200
-W 100 2 0 1
-Q
```

3. 硬盘主引导扇区数据的保存与恢复

硬盘工作正常时读取主引导扇区信息注意，当分区改变时不能用此数据恢复。

保存主引导扇区数据进入 DEBUG。

```
-A 100
MOV AX，0201
MOV BX，0110
MOV CX，0001
MOV DX，0080
INT 13
INT 3
-G = 100
-E 102 3
-E 10E C3
-R BX
BX 0110
：0
-R CX
CX 0001
：210
-N A：RBOOT.COM
-W
-Q
```

恢复主引导扇区数据：只需运行 A 盘的 RBOOT. COM。

4. 硬盘非分配表备份与恢复

计算机运行正常时分配表备份。

进入 DEDUG

```
-L 100 2 0 1
-N A：DBRUP. DAT
-R CX
：200
-W
```

恢复。

进入 DEBGU。

```
-N A：DBRUP. DAT
-L
-W 100 2 0 1
-Q
```

5. 硬盘保护卡内幕

对于经常在外边上机的人来说，计算机维护人员一旦设置硬盘保护卡，自己做一些事来特别麻烦，若想蔽掉硬盘保护卡，用以下方法或许可以借鉴。

进入 DEBUG。

```
－A 100
MOV AH，0
MOV DL，0
INT 13
-T
```

一直按 T 直到找到 CS = F000 记下此时 DS 的值，如 1234。

```
-E E0：4C
34 12 00 F0
-Q
```

6. 用 Debuf 作硬盘低级格式化

硬盘低级格式化一般用 DM，但 DEBUG 也可低级格式化硬盘。

进入 DEBUG。

```
-A 100
MOV AX，500
MOV BX，180
MOV CX，0
MOV DX，80
INT 13
INT 3
-E 180 0 0 0 2
-Q
```

7. *冷启动与热启动*

用 DEBUG 实现系统冷启动与热启动程序。

冷启动：

```
  A 100
JMP FFFF：0
INT 20
-N A：RESET.COM
-R CX
：0007
-w
-Q
```

热启动：

```
-A 100
  MOV AX，0040
  MOV DS，AX
  MOV AX，1234
  MOV SI，0072
  MOV (SI)，AX
  JMP FFFF：0
  -N A：RSET.COM
  -R CX
  ：0014
  -W
  -Q
```

第二篇　汇编语言部分

第二章　算术运算类操作实验

本章主要进行算术运算实验，涉及的知识点包括：

1. 加减法处理指令

主要有加法指令 ADD，带进位加法 ADC，减法指令 SUB，带进位减法指令 SBB。

2. BCD 码的调整指令

主要有压缩的 BCD 码加法调整指令 DAA，压缩的 BCD 码减法调整指令 DAS，非压缩的 BCD 码加法调整指令 AAA，非压缩的 BCD 码减法调整指令 AAS。

3. 乘除法指令和符号位扩展指令

主要有无符号数乘法指令 MUL，带符号数乘法指令 IMUL，无符号数除法指令 DIV，带符号数除法指令 IDIV，以及符号位从字节扩展到字的指令 CBW 和从字扩展到双字的指令 CWD。

实验四　二进制加、减法编程实验（设计性实验）

一、实验目的

1. 熟悉汇编语言二进制多字节加法基本指令的使用方法。
2. 熟悉汇编语言二进制多字节减法基本指令的使用方法。
3. 掌握汇编语言编程的一般结构。

二、软、硬件环境

汇编语言程序设计的实验环境如下。

1. 硬件环境

微型计算机（Intel x86 系列 CPU）一台。

2. 软件环境

（1）WindowsXP/Vista/7 等 32 位操作系统。

（2）任意一种文本编辑器［EDIT、NOTEPAD（记事本）、UltraEDIT 等］。

（3）汇编程序（MASM. EXE 或 TASM. EXE）。

（4）连接程序（LINK. EXE 或 TLINK. EXE）。

（5）调试程序（DEBUG. EXE 或 TD. EXE）。

（6）文本编辑器建议使用 EDIT 或 NOTEPAD，汇编程序建议使用 MASM. EXE，连接程序建议使用 LINK. EXE，调试程序建议使用 EDIT. EXE。

三、实验涉及的主要知识单元

1. 二进制加法基本指令

(1) ADD 指令。

格式：ADD DST，SRC

该指令把源操作数（SRC）指向的数据与目的操作数（DST）相加后，将结果放到目的操作数（DST）中，所执行的操作：(DST)←(SRC)+(DST)。

SRC 和 DST 不能同时为存储器操作数和段寄存器，同时 SRC 和 DST 的数据类型要匹配，要同是字节或字。受影响的标志位有 OF，SF，ZF，AF，PF，CF。

(2) ADC 指令

格式：ADC DST，SRC

所执行的操作：(DST)←(SRC)+(DST)+CF

该指令把两个操作数（SRC 和 DST）相加以后，再加上进位标志 CF，将结果放到目的操作数（DST）中。受影响的标志位有 OF，SF，ZF，AF，PF，CF。ADC 指令多用于多精度数据相加。

2. 二进制减法基本指令

(1) SUB 指令。

格式：SUB DST，SRC

所执行的操作：(DST)←(DST)-(SRC)

该指令把源操作数（SRC）指向的数据与目的操作数（DST）相减后，将结果放到目的操作数（DST）中，SRC 和 DST 不能同时为存储器操作数和段寄存器，同时 SRC 和 DST 的数据类型要匹配，要同是字节或字。受影响的标志位有 OF，SF，ZF，AF，PF，CF。

(2) SBB 指令。

格式：ADC DST，SRC

(DST)←(DST)-(SRC)-CF

该指令把两个操作数（SRC 和 DST）相减以后，再减去 CF，将结果放到目的操作数（DST）中。受影响的标志位有 OF，SF，ZF，AF，PF，CF。SBB 指令多用于多精度数据相加。

3. 多字节数相加程序设计示例

将两个双字长度的数分别相加，并将结果存放在 result 中。

首先进行题目分析。

(1) 多字节数的存放方式。多字节数的存放有两种方式，高地址优先（如 1234H，5678H 表示 56781234H）和低地址优先（如 1234H，5678H 表示 12345678H），具体的存放方式由用户根据自己的习惯选择。在这里，我们使用了高地址优先的存储方式。

(2) 分析程序设计。由于汇编语言的 ADD，ADC，SUB，SBB 指令都不支持两个操作数都是存储器操作数的情况，因此将一个操作数的低字节放到寄存器 AX 中，高字节放到寄存器 DX 中分别完成高字节部分的加法，高字节部分的带进位加法。

(3) 具体程序设计。

```
DATA SEGMENT
DATA1  DW  5311H, 8A13H  ; 表示数据 8A135311H
DATA2  DW  4783H, 9526H  ; 表示数据 95264783H
```

```
RESULT  DW    2  DUP（?）    ；存放多字节加法的结果
DATA ENDS
CODE SEGMENT
ASSUME CS：CODE，DS·DATA
START：MOV AX，DATA
    MOV DS，AX
    MOV AX，DATA1
    MOV DX，DATA1 + 2
    ADD AX，DATA2；低字节部分相加
    ADC DX，DATA2 + 2  ；高字节部分带进位相加
    MOV RESULT1，AX  ；存放低字节部分相加结果
    MOV  RESULT1 + 2，DX  ；存放高字节部分相加结果
CODE ENDS
END START
```

四、实验内容与步骤

1. 实验内容

（1）编写程序，实现长度为 2 字的两个多字节数相减。

（2）编写程序，实现一个长度为 3 字的多字节数和一个长度为 2 字的多字节数相加减。

2. 实验步骤

（1）预习多字节数加减法基本知识，根据实验内容，画出流程图。

（2）利用 EDIT 或其他编辑软件，编写汇编源程序，取名为“CH2EX1. ASM”“CH2EX2. ASM”。

（3）汇编、连接该源程序，产生“CH2EX1. EXE”“CH2EX2. EXE”文件。

（4）对“CH2EX1. EXE”和“CH2EX2. EXE”文件进行调试运行：利用 DEBUG 的 T 命令或 G 命令和 D 命令查看数据区的加减法结果是否正确。

五、实验要求与提示

（1）画出各程序流程图。

（2）列出程序清单，加上适量注释。

（3）回答思考问题。

（4）记录实验结果。

六、思考与练习及测评标准

在上例中没有考虑最高位溢出的问题，若考虑到最高位可能发生溢出，该如何修改程序。

七、参考程序

```
；******CH2EX1. ASM ********
DATA  SEGMENT
  DATA1  DW  5311H，8A13H
  DATA2  DW  4783H，9526H
RESULT  DW  2 DUP（?）   ；存放多字节减法的结果
    DATA  ENDS
    CODE  SEGMENT
```

实验视频

```
    ASSUME  CS: CODE, DS: DATA
START:
    MOV  AX, DATA
    MOV  DS, AX
    MOV  AX, DATA1+2
    MOV  DX, DATA1
    SUB  AX, DATA2+2
    SBB  DX, DATA2
    MOV  RESULT+2, AX
    MOV  RESULT, DX
    CODE  ENDS
  END  START

; ****** CH2EX2.ASM ********
  DATA  SEGMENT
  DATA1  DW  7123H, 7311H, 8A13H  ; 表示数据 8a173117123h
  DATA2  DW  9783H, 9526H  ; 表示数据 95269783h
RESULT1  DW  3 DUP (?)  ; 存放多字节加法的结果
RESULT2  DW  3 DUP (?)  ; 存放多字节减法的结果
  DATA  ENDS

  CODE  SEGMENT
  ASSUME  CS: CODE, DS: DATA
START:
    MOV  AX, DATA
    MOV  DS, AX
    MOV  AX, DATA1
    MOV  DX, DATA1+2
    ADD  AX, DATA2
    ADC  DX, DATA2+2
    MOV  RESULT1, AX
    MOV  RESULT1+2, DX
    MOV  DX, DATA1+4
    ADC  DX, 0
    MOV  RESULT1+4, DX
    MOV  AX, DATA1
    MOV  DX, DATA1+2
    SUB  AX, DATA2
    SBB  DX, DATA2+2
    MOV  RESULT2, AX
    MOV  RESULT2+2, DX
    MOV  DX, DATA1+4
```

实验视频

```
SBB  DX, 0
MOV  RESULT2 + 4, DX
CODE  ENDS
END  START
```

实验五　十进制数的BCD加、减法编程实验（设计性实验）

一、实验目的

1. 熟悉BCD码的基本知识。
2. 熟悉汇编语言BCD码多字节加减法基本指令的使用方法。
3. 掌握BCD码调整指令的使用方法。

二、软、硬件环境

汇编语言程序设计的实验环境如下。

1. 硬件环境

微型计算机（Intel x86系列CPU）一台。

2. 软件环境

（1）WindowsXP/Vista/7等32位操作系统。

（2）任意一种文本编辑器［EDIT、NOTEPAD（记事本）、UltraEDIT等］。

（3）汇编程序（MASM. EXE或TASM. EXE）。

（4）连接程序（LINK. EXE或TLINK. EXE）。

（5）调试程序（DEBUG. EXE或TD. EXE）。

（6）文本编辑器建议使用EDIT或NOTEPAD，汇编程序建议使用MASM. EXE，连接程序建议使用LINK. EXE，调试程序建议使用EDIT. EXE。

三、实验涉及的主要单元知识

1. BCD码的介绍

BCD码是一种用二进制编码的十进制数，又称二—十进制数。它是用4位二进制数表示一个十进制数码的，由于这4位二进制数的权为8421，所以BCD码又称8421码。在IBM PC机中，表示十进制的BCD码可以用压缩的BCD码和非压缩的BCD码两种格式表示。

（1）压缩的BCD码。压缩的BCD码用4位二进制数表示一个十进制数位，整个十进制数形式为一个顺序的以4位为一组的数串。

（2）非压缩的BCD码。非压缩的BCD码则以8位二进制数表示一个十进制数位，8位中的低4位表示8421的BCD码，而高4位则没有意义。

2. BCD码的调整指令

（1）压缩的BCD码调整指令。

1）DAA加法的十进制调整指令。该指令把AL中的和调整到压缩的BCD格式，这条指令之前必须执行ADD或ADC指令，加法指令必须把两个压缩的BCD码相加，并把结果存放在AL寄存器中。

功能：如果AL寄存器中低4位大于9或辅助进位（AF）=1，则（AL）=(AL)+6且（AF）=1；如果（AL）≥0A0H或（CF）=1，则（AL）=(AL)+60H且（CF）=1。同时，

SF、ZF、PF 均有影响。

例如，

```
MOV AL，68H      ；(AL) = 68H，表示压缩 BCD 码 68
MOV BL，28H      ；(BL) = 28H，表示压缩 BCD 码 28
ADD AL，BL      ；二进制加法：(AL) = 68H + 28H = 90H
DAA           ；十进制调整：(AL) = 96H
              ；实现压缩 BCD 码加法：68 + 28 = 96
```

2）DAS 减法的十进制调整指令。该指令把 AL 中的差调整到压缩的 BCD 格式，这条指令之前必须执行 SUB 或 SBB 指令，减法指令必须把两个 BCD 码相减，并把结果存放在 AL 寄存器中。

功能：如果（AF）=1 或 AL 寄存器中低 4 位大于 9，则（AL）=（AL）−6 且（AF）=1；如果（AL）≥0A0H 或（CF）=1，则（AL）=（AL）−60H 且（CF）=1。同时 SF、ZF、PF 均受影响。

例如，

```
MOV   AL，68H     ；(AL)＝68H，表示压缩 BCD 码 68
MOV   BL，28H     ；(BL)＝28H，表示压缩 BCD 码 28
SUB   AL，BL      ；二进制减法：(AL)＝68H-28H＝40H
DAS             ；十进制调整：(AL)＝40H
                ；实现压缩 BCD 码减法：68－28＝40
```

(2) 非压缩的 BCD 码调整指令。

1）AAA 加法的 ASCⅡ调整指令。

执行的操作：(AL)←把 AL 中的和调整到非压缩的 BCD 格式

(AH)←(AH)＋调整产生的进位值

这条指令之前必须执行 ADD 或 ADC 指令，加法指令必须把两个非压缩的 BCD 码相加，并把结果存放在 AL 寄存器中。

功能：如果 AL 的低 4 位大于 9 或（AF）=1，则

(AL)＝(AL)＋6

(AH)＝(AH)＋1

(AF)＝(CF)＝1

且 AL 高 4 位清零。

否则　(CF)＝(AF)＝0

AL 高 4 位清零。

2）AAS 减法的 ASCⅡ调整指令。

执行的操作：

(AL)←把 AL 中的差调整到非压缩的 BCD 格式

(AH)←(AH)＋调整产生的借位值

这条指令之前必须执行 SUB 或 SBB 指令，减法指令必须把两个非压缩的 BCD 码相减，并把结果存放在 AL 寄存器中。

功能：如果 AL 的低 4 位大于 9 或（AF）=1，则

(AL)＝(AL)－6

(AH)=(AH)-1

(AF)=(CF)=1

AL 高 4 位清零。

否则 (CF)=(AF)=0

AL 高 4 位清零。

其他标志位 OF、PF、SF、ZF 不确定。

3）AAM 乘法的非压缩 BCD 码调整指令。

语句格式：AAM

功能：被调整的乘积在 AX 中，对 AL 按 10 取模，则

(AL)/0AH→AH（商）：AL（余数）

其中 AH 为商，AL 为余数，标志位 AF、CF、OF、PF、SF、ZF 受影响。

4）AAD 除法的非压缩 BCD 码调整指令。

语句格式：AAD

功能：除法运算前，先调整被除数 AX 内容，使

(AL)=(AL)+(AH)*0AH

(AH)=0

即把非压缩型十进制数变成二进制数。

3. 多字节 BCD 码相加程序示例

分别计算长度为 2B 的压缩 BCD 码和非压缩 BCD 码的相加。

(1) 分析程序设计。这里我们仍然采用高地址优先的方式来存放多精度数，高位相加时采用带进位相加。只是由于 BCD 码的加法是十进制数相加，所以每次相加之后都要进行调整。压缩 BCD 码加法采用指令 DAA 进行调整，非压缩 BCD 码采用指令 AAA 进行调整。

(2) 具体程序设计。

```
DATA SEGMENT
    BCD1   DB  H, 18H      ；压缩 BCD 码表示十进制数 1834
    BCD2   DB  89H, 27H    ；压缩 BCD 码表示十进制数 2789
  RESULT1  DB  2 DUP (?)   ；存放压缩 BCD 码相加的结果
    BCD3   DB  05H, 02H    ；非压缩 BCD 码表示十进制数 25
    BCD4   DB  08H, 03H    ；非压缩 BCD 码表示十进制数 38
  RESULT2  DB  2 DUP (?)   ；存放非压缩 BCD 码相加的结果
DATA ENDS
CODE SEGMENT
    ASSUME CS: CODE, DS: DATA
START:
    MOV  AX, DATA
    MOV  DS, AX
    ；压缩 BCD 码相加计算
    MOV  AL, BCD1
    ADD  AL, BCD2
    DAA
```

```
    MOV  RESULT1, AL
    MOV  AL, BCD1+1
    ADC  AL, BCD2+1
    DAA
    MOV  RESULT+1, AL
    ;非压缩BCD码相加计算
    MOV  AL, BCD1
    ADD  AL, BCD2
    AAA
    MOV  RESULT2, AL
    MOV  AL, BCD1+1
    ADC  AL, BCD2+1
    AAA
    MOV  RESULT+1, AL
CODE  ENDS
END  START
```

四、实验内容和步骤

实验视频

1. 实验内容

（1）编写程序，实现长度为2B的压缩与非压缩BCD码相减。

（2）编写程序，实现一个长度为3B压缩BCD码和2B非压缩BCD码的相减。

2. 实验步骤

（1）预习BCD码相加减的基本知识，根据实验内容，画出流程图。

（2）利用EDIT或其他编辑软件，编写汇编源程序，取名为“CH2EX3. ASM”“CH2EX4. ASM”。

（3）汇编、连接该源程序，产生“CH2EX3. EXE”“CH2EX4. EXE”文件。

（4）对“CH2EX3. EXE”和“CH2EX4. EXE”文件进行调试运行：利用DEBUG的T命令或G命令和D命令查看数据区的相减结果是否正确。

五、实验要求与提示

（1）画出各程序流程图。

（2）列出程序清单，加上适量注释。

（3）回答思考问题。

（4）记录实验结果。

六、思考与练习及测评标准

在上例中没有考虑最高位溢出的问题，若考虑到最高位可能发生溢出，该如何修改程序。

七、参考程序

```
; ****** CH2EX3. ASM ********
DATA SEGMENT
    BCD1 DB  34H, 18H  ;压缩BCD码表示十进制数1834
    BCD2 DB  89H, 27H  ;压缩BCD码表示十进制数2789
```

```
    RESULT1 DB   2 DUP (?)    ; 存放压缩 BCD 码相减的结果
    BCD3 DB  05H, 02H  ; 非压缩 BCD 码表示十进制数 25
    BCD4 DB  08H, 03H  ; 非压缩 BCD 码表示十进制数 38
    RESULT2 DB   2 DUP (?)    ; 存放非压缩 BCD 码相减的结果
DATA ENDS

  CODE SEGMENT
    ASSUME  CS: CODE, DS: DATA
  START:
    MOV  AX, DATA
    MOV  DS, AX
  ; 压缩 BCD 码相减计算
    MOV  AL, BCD1
    SUB  AL, BCD2
    DAS
    MOV  RESULT1, AL
    MOV  AL, BCD1+1
    SBB  AL, BCD2+1
    DAS
    MOV  RESULT+1, AL
  ; 非压缩 BCD 码相减计算
    MOV  AL, BCD1
    SUB  AL, BCD2
    AAS
    MOV  RESULT2, AL
    MOV  AL, BCD1+1
    SBB  AL, BCD2+1
    AAS
    MOV  RESULT+1, AL
  CODE ENDS
    END  START

; ****** CH2EX4. ASM ********
    DATA  SEGMENT
    BCD1  DB    34H, 58H, 27H      ; 压缩 BCD 码表示十进制数 275834
    BCD2  DB    89H, 27H           ; 压缩 BCD 码表示十进制数 2789
  RESULT1  DB    3 DUP (?)         ; 存放压缩 BCD 码相加的结果
  RESULT2  DB    3 DUP (?)         ; 存放压缩 BCD 码相减的结果
    BCD3  DB    05H, 06H, 08H      ; 非压缩 BCD 码表示十进制数 65
    BCD4  DB    08H, 03H           ; 非压缩 BCD 码表示十进制数 38
  RESULT3  DB    3 DUP (?)         ; 存放非压缩 BCD 码相加的结果
  RESULT4  DB    3 DUP (?)         ; 存放非压缩 BCD 码相减的结果
```

```
DATA   ENDS
CODE   SEGMENT
  ASSUME  CS: CODE, DS: DATA
START:
  MOV     AX, DATA
  MOV     DS, AX
; 压缩 BCD 码相加计算
  MOV     AL, BCD1
  ADD     AL, BCD2
  DAA
  MOV     RESULT1, AL
  MOV     AL, BCD1 + 1
  ADC     AL, BCD2 + 1
  DAA
  MOV     RESULT1 + 1, AL
  MOV     AL, BCD1 + 2
  ADC     AL, 0
  DAA
  MOV     RESULT1 + 2, AL
; 压缩 BCD 码相减计算
  MOV     AL, BCD1
  SUB     AL, BCD2
  DAS
  MOV     RESULT2, AL
  MOV     AL, BCD1 + 1
  SBB     AL, BCD2 + 1
  DAS
  MOV     RESULT2 + 1, AL
  MOV     AL, BCD1 + 2
  SBB     AL, 0
  DAS
  MOV     RESULT2 + 2, AL
; 非压缩 BCD 码相加计算
  MOV     AL, BCD3
  ADD     AL, BCD4
  AAA
  MOV     RESULT3, AL
  MOV     AL, BCD3 + 1
  ADC     AL, BCD4 + 1
  AAA
  MOV     RESULT3 + 1, AL
  MOV     AL, BCD3 + 2
```

```
        ADC     AL, 0
        AAA
        MOV     RESULT3 + 2, AL
;非压缩 BCD 码相减计算
        MOV     AL, BCD3
        SUB     AL, BCD4
        AAS
        MOV     RESULT4, AL
        MOV     AL, BCD3 + 1
        SBB     AL, BCD4 + 1
        AAS
        MOV     RESULT4 + 1, AL
        MOV     AL, BCD3 + 2
        SBB     AL, 0
        AAS
        MOV     RESULT4 + 2, AL
        CODE    ENDS
        END     START
```

实验六　二进制乘、除法编程实验（设计性实验）

一、实验目的

1. 熟悉数据的补码表示。

2. 熟悉无符号数和有符号数乘法和除法指令的使用。

3. 掌握符号位扩展指令的使用。

二、软、硬件环境

汇编语言程序设计的实验环境如下。

1. 硬件环境

微型计算机（Intel x86 系列 CPU）一台。

2. 软件环境

（1）WindowsXP/Vista/7 等 32 位操作系统。

（2）任意一种文本编辑器［EDIT、NOTEPAD（记事本）、UltraEDIT 等］。

（3）汇编程序（MASM. EXE 或 TASM. EXE）。

（4）连接程序（LINK. EXE 或 TLINK. EXE）。

（5）调试程序（DEBUG. EXE 或 TD. EXE）。

（6）文本编辑器建议使用 EDIT 或 NOTEPAD，汇编程序建议使用 MASM. EXE，连接程序建议使用 LINK. EXE，调试程序建议使用 EDIT. EXE。

三、实验涉及的主要单元知识

1. 数的补码表示

MUL 指令和 IMUL 指令的使用条件是由数的格式决定的。例如，若把（11111111b）*（11111111b）看作无符号数时，应为 255d×255d＝65025d，而把它看作带符号数时则为

(−1)×(−1)=1。因此，必须根据所要相乘数的格式来决定选用哪一种指令。

乘法指令对除 CF 和 OF 外的条件码位无定义（注意无定义和不影响的区别，无定义是字指指令执行后这些状态标志位的状态不稳定，而不影响则是指该指令的结果并不影响条件码，因而条件码应保持原状态不变）。

2. 乘法指令介绍

(1) MUL 无符号数乘法指令。

格式：MUL　SRC

执行的操作如下。

字节操作数：(AX)←(AL) * (SRC)　（两个 8 位的数相乘得到 16 位，乘积存到 AX 中）

字操作数：(DX, AX)←(AX) * (SRC)　（两个 16 位的数相乘得到 32 位，乘积高 16 位存放在 DX 中，低 16 位存放在 AX 中）

(2) IMUL 带符号乘法指令。

格式：IMUL　　SRC

执行的操作：与 MUL 相同，但必须是带符号数，而 MUL 是无符号数。

3. 除法指令介绍

(1) DIV 无符号数除法指令。

格式：DIV　　SRC

执行的操作如下。

字节操作：16 位被除数在 AX 中，8 位除数为源操作数，结果的 8 位商在 AL 中，8 位余数在 AH 中。表示为

(AL)←(AX)/(SRC)的商

(AH)←(AX)/(SRC)的余数

字操作：32 位被除数在 DX，AX 中，其中 DX 为高位字；16 位除数为源操作数，结果的 16 位商在 AX 中，16 位余数在 DX 中。表示为

(AX)←(DX,AX)/(SRC)的商

(DX)←(DX,AX)/(SRC)的余数

商和余数均为无符号数。

(2) IDIV 带符号数除法指令。

格式：IDIV　　SRC

执行的操作：与 DIV 相同，但操作数必须是带符号数，商和余数均为带符号数，且余数的符号和被除数的符号相同。

除法指令 DIV 和 IDIV 虽然对标志位的影响没有定义，但是却可能产生溢出。当被除数远大于除数时，所得的商就有可能超出它所能表达的范围。如果存放商的寄存器 AL/AX 不能表达，便产生溢出，8086CPU 中就产生编号为 0 的内部中断。

对于 DIV 指令，除数为 0，或者在字节除时商超过 8 位，或者在字除时商超过 16 位，则发生除法溢出。对于 IDIV 指令，除数为 0，或者在字节除时商不在 −128～127 内，或者在字除时商不在 −32768～32767 内，则发生除法溢出。

4. 符号扩展指令

(1) CBW 字节转换为字指令。

格式：CBW

执行的操作：AL 的内容符号扩展到 AH。

(2) CWD 字转换为双字指令。

格式：CWD

执行的操作：AX 的内容符号扩展到 DX。

5. 无符号数除法程序设计示例

被除数是一个 3 字长的无符号数，除数是一个 1 字长的无符号数，求两数相除的商和余数。

(1) 分析程序。被除数是多精度数，可以采用高地址优先的方法来存放，由于是无符号数，将被除数最高字节放到 AL 后不需要符号位扩展，只要在 AH 中填 0 就可以了。最高字节所得的余数和后面的字节组合起来再除以除数，这个过程和手工计算除法是类似的。

(2) 具体程序设计。

```
DATA SEGMENT
    DIVIDEND  DB  53H, 11H, 8AH     ；表示数据 8A1153H
    DIVISOR  DB  47H
    QUOTIENT  DB  3 DUP (0)       ；存放除法结果的商
    REMAINDER  DB  0     ；存放除法结果的余数
DATA  ENDS
CODE  SEGMENT
    ASSUME  CS：CODE, DS：DATA
START：MOV  AX, DATA
      MOV  DS, AX
      MOV  AL, DIVIDEND + 2
      MOV  AH, 0
      DIV  DIVISOR
      MOV  QUOTIENT + 2, AL
      MOV  AL, DIVIDEND + 1
      DIV  DIVISOR
      MOV  QUOTIENT + 1, AL
      MOV  AL, DIVIDEND
      DIV  DIVISOR
      MOV  QUOTIENT, AL
      MOV  REMAINDER, AH
  CODE  ENDS
  END  START
```

四、实验内容和步骤

1. 实验的内容

(1) 被除数是一个 3 字长的有符号数，除数是一个 1 字长的有符号数，求两个数相除的商和余数。

(2) 求两个 2 字长的无符号数相乘的结果，并将结果保存在存储空间中。

2. 实验步骤

(1) 预习二进制乘、除法基本知识，根据实验内容，画出流程图。

（2）利用 EDIT 或其他编辑软件，编写汇编源程序，取名为“CH2EX5. ASM”“CH2EX6. ASM”。

（3）汇编、连接该源程序，产生“CH2EX5. EXE”“CH2EX6. EXE”文件。

（4）对“CH2EX5. EXE”和“CH2EX6. EXE”文件进行调试运行，利用 DEBUG 的 T 命令或 G 命令和 D 命令查看数据区的乘除法结果是否正确。

五、实验要求与提示

1. 实验要求

（1）画出各程序流程图。

（2）列出程序清单，加上适量注释。

（3）回答思考问题。

（4）记录实验结果。

2. 实验提示

（1）实验（1）的有符号除法在最高字节需要用到符号位扩展。

（2）实验（2）的乘法可仿造手工的乘法过程，可用存储器变量保存中间相乘的结果，并注意在高字节相加时要采用带进位相加。

六、思考与练习及测评标准

若实验（2）中是有符号数相乘，该如何编写程序？

七、参考程序

实验视频

```
; ****** CH2EX5.ASM ********
; 有符号数除法程序设计示例
; 解释：被除数是一个 3B 长的有符号数，除数是一个 1B 长的有符号数。
; 例子：
DATA   SEGMENT
  IDIVIDEND  DB    53H, 11H, 8AH; 表示数据 8A1153H
  IDIVISOR  DB    47H
  QUOTIENT  DB    3 DUP (0)    ; 存放除法结果的商
  REMAINDER  DB    0      ; 存放除法结果的余数
DATA   ENDS
CODE   SEGMENT
  ASSUME  CS: CODE, DS: DATA
START: MOV  AX, DATA
     MOV  DS, AX
     MOV  AL, IDIVIDEND+2
     CBW
     IDIV IDIVISOR
     MOV  QUOTIENT+2, AL
     MOV  AL, IDIVIDEND+1
     IDIV IDIVISOR
     MOV  QUOTIENT+1, AL
     MOV  AL, IDIVIDEND
```

```
    IDIV DIVISOR
    MOV  QUOTIENT, AL
    MOV  REMAINDER, AH
    CODE ENDS
    END  START
```

```
; ****** CH2EX6.ASM ********

DATA  SEGMENT
MULTIPLICAND  DW   8567H, 6214H  ; 表示数据62148567h
  MULTIPLICATOR  DW   5647H, 8451H  ; 表示数据84515647hh
PRODUCT  DW    4 DUP (0)    ; 存放乘法结果的积
  DATA  ENDS

CODE  SEGMENT
  ASSUME  CS: CODE, DS: DATA
START:
  MOV  AX, DATA
  MOV  DS, AX
  MOV  AX, MULTIPLICAND
  MUL  MULTIPLICATOR
  MOV  PRODUCT, AX
  MOV  PRODUCT+2, DX
  MOV  AX, MULTIPLICAND
  MUL  MULTIPLICATOR+2
  ADD  PRODUCT+2, AX
  ADC  PRODUCT+4, DX
  ADC  PRODUCT+6, 0
  MOV  AX, MULTIPLICAND+2
  MUL  MULTIPLICATOR
  ADD  PRODUCT+2, AX
  ADC  PRODUCT+4, DX
  ADC  PRODUCT+6, 0
  MOV  AX, MULTIPLICAND+2
  MUL  MULTIPLICATOR+2
  ADD  PRODUCT+4, AX
  ADC  PRODUCT+6, DX
  CODE ENDS
  END  START
```

实验视频

第三章　逻辑运算、移位操作及数码转换编程实验

知识提要

本章主要进行逻辑运算、移位操作及数码转换编程实验，涉及的知识点包括：

1. 逻辑运算指令

逻辑运算指令有逻辑非指令 NOT，逻辑与指令 AND，逻辑或指令 OR，逻辑异或指令 XOR，逻辑测试指令 TEST。

2. 移位操作指令

移位操作指令主要有算术左移指令 SAL 和算术右移指令 SAR，逻辑左移指令 SHL 和逻辑右移指令 SHR，循环移位指令。其中，循环移位指令有四条：不带进位的循环左移指令 ROL，不带进位的循环右移指令 ROR，带进位的循环左移指令 RCL，带进位的循环右移指令 RCR。

3. ASCⅡ码、二进制数和 BCD 码

ASCⅡ是美国标准信息交换码（American Standard Code for Information Interchange）的缩写，用来制订计算机中每个符号对应的代码，这也叫作计算机的内码（code）。

BCD（Binary-Coded Decimal）码，也称为二—十进制代码或二进制码十进数。

实验七　逻辑运算编程实验（验证性实验）

一、实验目的

1. 了解汇编语言的逻辑运算指令。
2. 熟悉汇编语言中逻辑运算指令的使用方法。
3. 掌握利用汇编语言逻辑运算指令实现程序设计的方法。

二、软、硬件环境

汇编语言程序设计的实验环境如下。

1. 硬件环境

微型计算机（Intel x86 系列 CPU）一台。

2. 软件环境

（1）WindowsXP/Vista/7 等 32 位操作系统。

（2）任意一种文本编辑器［EDIT、NOTEPAD（记事本）、UltraEDIT 等］。

（3）汇编程序（MASM. EXE 或 TASM. EXE）。

（4）连接程序（LINK. EXE 或 TLINK. EXE）。

（5）调试程序（DEBUG. EXE 或 TD. EXE）。

（6）文本编辑器建议使用 EDIT 或 NOTEPAD，汇编程序建议使用 MASM. EXE，连接程序建议使用 LINK. EXE，调试程序建议使用 EDIT. EXE。

三、实验涉及的主要知识单元

1. 逻辑非指令 NOT

格式：NOT OPD

操作形式：OPD←$\overline{\text{OPD}}$。

描述：指令的功能是把操作数中的每位变反，即 1←0，0←1。将目的地址中的内容逐位取反后送入目的地址。操作数不能用立即数，指令执行后对标志位无影响，也可用于求补。

例如，

```
MOV  AX, 1234H  ; (AX) = 1234H
NOT  AX          ; (AX) = EDCBH
```

2. 逻辑与指令 AND

格式：AND 目的操作数，源操作数。

操作形式：DOPD←DOPD∧SOPD。

描述：

（1）逻辑与运算法则为 1∧1=1，1∧0=0，0∧1=0，0∧0=0。

（2）指令的功能是把源操作数中的每位二进制与目的操作数中的相应二进制进行逻辑乘运算操作，操作结果存入目的操作数中。

（3）受影响的标志位：CF、OF 为 0，PF、SF 和 ZF 根据运算定，AF 无定义。

（4）利用 AND 指令与 0 或 1 相与可对操作数的某些位进行屏蔽和保留操作。

举例：将 AL 中第 0 位和第 7 位清零。

```
MOV  AL, 0FFH
AND  AL, 7EH
```

3. 逻辑或指令 OR

格式：OR 目的操作数，源操作数。

操作形式：DOPD←DOPD∨SOPD。

描述：

（1）逻辑或运算法则：1∨1=1，1∨0=1，0∨1=1，0∨0=0。

（2）指令的功能是把源操作数中的每位二进制与目的操作数中的相应二进制进行逻辑加运算操作，操作结果存入目的操作数中。

（3）受影响的标志位：CF、OF 为 0，PF、SF 和 ZF 根据运算定，AF 无定义。

（4）利用 OR 指令与 1 或 0 相或，可对操作数置 1 操作，和保留原位不变。

举例：将 AL 中第 0 位和第 7 位置 1。

```
MOV  AL, 0
OR  AL, 81H
```

4. 逻辑异或指令 XOR

格式：XOR 目的操作数，源操作数。

操作形式：DOPD←DOPD⊕SOPD。

描述：

（1）逻辑异或运算法则：1⊕1=0，1⊕0=1，0⊕1=1，0⊕0=0。

（2）指令的功能是把源操作数中的每位二进制与目的操作数中的相应二进制进行逻辑“异或”操作，操作结果存入目的操作数中。

（3）受影响的标志位：CF、OF为0，PF、SF和ZF根据运算定，AF无定义。

（4）利用该指令与1和0相异或，分别可以操作数对应位变反和保持不变。

（5）对操作数自身异或运算可对寄存器和CF、OF置0。

举例：

1）将AL中的0、7位变反。

```
XOR  AL，81H
```

2）将AX清零。

```
XOR  AX，AX
```

5．逻辑测试指令TEST

格式：TEST 目的操作数，源操作数。

操作形式：DOPD∧SOPD。

描述：

（1）该指令与指令AND的区别在于两操作数相与后不保存结果。

（2）指令的功能是把源操作数的每位二进制与目的操作数中的相应二进制进行逻辑“与”操作，根据所得结果设置有关标志位，为随后的条件转移指令提供条件，由于不保存差值，所以不会改变指令中的操作数。

（3）受影响的标志位：CF、OF为0，PF、SF和ZF根据运算定，AF无定义。

举例：

1）TEST AX，100B；B表示二进制

    JNZ　AA；如果AX右数第三位为1，JNZ将跳转到AA处

2）测试寄存器是否为空。

```
TEST AX，AX
JZ   AA
```

如果AX为零，则ZF标志为1，JZ将跳转到AA处。

四、实验内容与步骤

1．实验内容

（1）用A命令编写程序片段，实现逻辑非，逻辑与，逻辑或，逻辑异或，逻辑测试运算。

（2）得到实际的结果，用T或P命令查看结果正确性。

（3）实验例子如下。

1）逻辑非：NOT 14H。

2）逻辑与：32H　AND　0FH。

3）逻辑或：32H　OR　0FH。

4）逻辑异或：32H　XOR　0FH。

（4）进行逻辑测试运算中，注意状态和标志位的变化，并记录。

2．实验步骤

（1）预习逻辑运算中的基本指令知识，根据实验内容，整理思路。

（2）利用在 DEBUG 调试中的 A 命令输入对应程序片段。

（3）对写好的程序片段，利用 DEBUG 的 T、P 命令或 G 命令查看数据区，核对实验结果。

五、实验要求与提示

1. 实验要求

（1）写出实现每个逻辑运算的例子答案。

（2）记录具体实现逻辑运算例子的实验步骤。

（3）回答思考问题。

（4）记录实验结果。

2. 实验提示

（1）进入 DEBUG 调试环境，用 A 命令输入程序片段，如图 3-1 所示。

```
-a
1385:0100 mov ax,1234
1385:0103 not ax
1385:0105
-
```

图 3-1　输入 A 命令

（2）图 3-1 实现的是逻辑非的运算验证。然后，用 P 或 T 命令查看寄存器 AX 内容的变化，如图 3-2 所示。

```
-p=0100 2

AX=1234  BX=0000  CX=0000  DX=0000  SP=FFEE  BP=0000  SI=0000  DI=0000
DS=1385  ES=1385  SS=1385  CS=1385  IP=0103   NV UP EI PL NZ AC PO CY
1385:0103 F7D0          NOT     AX

AX=EDCB  BX=0000  CX=0000  DX=0000  SP=FFEE  BP=0000  SI=0000  DI=0000
DS=1385  ES=1385  SS=1385  CS=1385  IP=0105   NV UP EI PL NZ AC PO CY
1385:0105 0000          ADD     [BX+SI],AL                         DS:0000=02
-t=0100 2

AX=1234  BX=0000  CX=0000  DX=0000  SP=FFEE  BP=0000  SI=0000  DI=0000
DS=1385  ES=1385  SS=1385  CS=1385  IP=0103   NV UP EI PL NZ AC PO CY
1385:0103 F7D0          NOT     AX

AX=EDCB  BX=0000  CX=0000  DX=0000  SP=FFEE  BP=0000  SI=0000  DI=0000
DS=1385  ES=1385  SS=1385  CS=1385  IP=0105   NV UP EI PL NZ AC PO CY
1385:0105 0000          ADD     [BX+SI],AL                         DS:0000=02
-
```

图 3-2　用 T 和 P 命令查看 AX 寄存器

（3）注意 P 或 T 命令的输入格式（P＝地址数）；其中“数”是指执行几条指令，如果不指定就只执行一条。

六、思考与练习及测评标准

1. 对寄存器清 0，有几种方式？怎样用逻辑运算命令来实现？

2. 逻辑测试命令前后，状态和标志有什么变化？为什么？

3. 检测一操作数与另一确定的操作数是否相等，用逻辑指令如何实现？

实验八　移位操作编程实验（设计性实验）

一、实验目的

1. 了解汇编语言移位操作指令。

2. 熟悉汇编语言逻辑移位指令的使用方法。

3. 掌握利用汇编语言逻辑移位运算指令实现程序设计的方法。

二、软、硬件环境

汇编语言程序设计的实验环境如下。

1. 硬件环境

微型计算机（Intel x86 系列 CPU）一台。

2. 软件环境

（1）WindowsXP/Vista/7 等 32 位操作系统。

（2）任意一种文本编辑器［EDIT、NOTEPAD（记事本）、UltraEDIT 等］。

（3）汇编程序（MASM. EXE 或 TASM. EXE）。

（4）连接程序（LINK. EXE 或 TLINK. EXE）。

（5）调试程序（DEBUG. EXE 或 TD. EXE）。

（6）文本编辑器建议使用 EDIT 或 NOTEPAD，汇编程序建议使用 MASM. EXE，连接程序建议使用 LINK. EXE，调试程序建议使用 EDIT. EXE。

三、实验涉及的主要知识单元

移位指令主要包括算术移位、逻辑移位、循环移位，以下分三类介绍。其中统一的语句格式为

操作符 OPD，1

操作符 OPD，CL

功能：将目的操作数的所有位按操作符规定的方式移动 1 位或按寄存器 CL 规定的次数（0～255）移动，结果送入目的地址。

1. 算术移位

（1）算术左移指令 SAL。

格式：SAL　OPD，1

　或　SAL　OPD，CL

描述：将（OPD）向左移动 CL 指定的次数，最低位补入相应的 0，CF 的内容为最后移入位的值。如图 3-3 所示，受影响的标志位为 CF、OF、PF、SF 和 ZF（AF 无定义）。

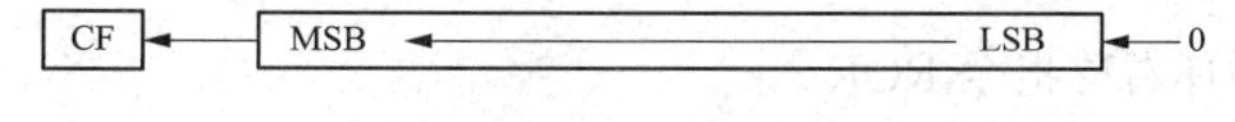

图 3-3　算数左移指令 SAL

（2）算术右移指令 SAR。

格式：SAR　OPD，1

　或　SAR　OPD，CL

描述：将（OPD）向右移动 CL 指定的次数且最高位保持不变；CF 的内容为最后移入位的值。如图 3-4 所示，受影响的标志位为 CF、OF、PF、SF 和 ZF（AF 无定义）。

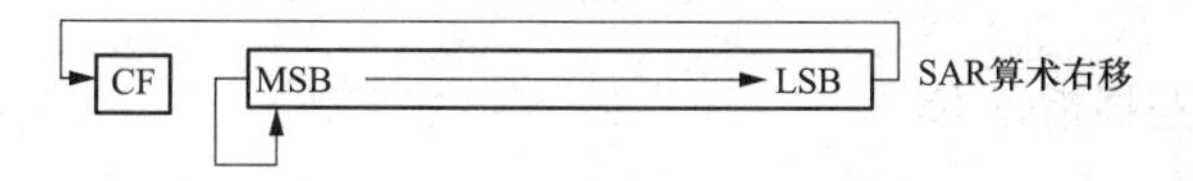

图 3-4　算术右移指令 SAR

2. 逻辑移位

(1) 逻辑左移 SHL。

格式：SHL OPD，1

　或　SHL OPD，CL

描述：把目的操作数的低位向高位移 CL 规定的次数，空出的低位补 0，CF 的内容为最后移入位的值。与算术左移相同，受影响的标志位为 CF、OF、PF、SF 和 ZF（AF 无定义）。

(2) 逻辑右移 SHR。

格式：SHR　OPD，1

　或　SHR OPD，CL

描述：把目的操作数的高位向低位移 CL 规定的次数，空出的高位补 0，CF 的内容为最后移入位的值。如图 3-5 所示，受影响的标志位为 CF、OF、PF、SF 和 ZF（AF 无定义）。

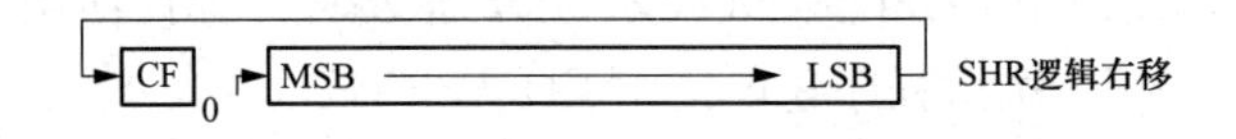

图 3-5　逻辑右移指令 SHR

3. 循环移位

循环移位包括不带进位的循环移位指令 ROL、ROR 和带进位的循环移位指令 RCL、RCR。

(1) 不带进位循环左移指令 ROL。

格式：ROL OPD，1

　或　ROL OPD，CL

描述：把目的操作数的低位向高位移 CL 规定的次数，移出的位不仅要进入 CF，而且还要填补空出的位，CF 的内容为最后移入位的值。如图 3-6 所示，受影响的标志位为 CF、OF。

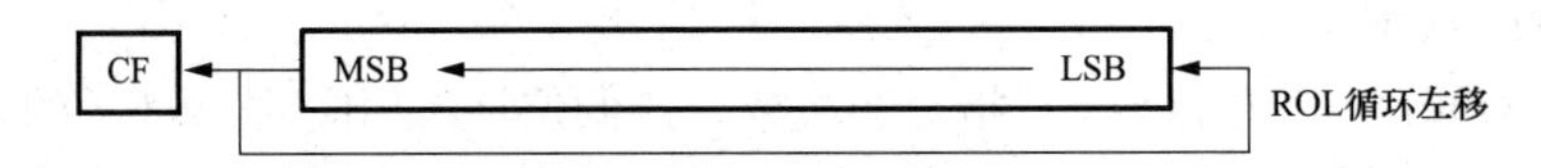

图 3-6　不带进位循环左移指令 ROL

(2) 不带进位循环右移指令 ROR。

格式：ROR OPD，1

　或　ROR OPD，CL

描述：把目的操作数的高位向低位移 CL 规定的次数，移出的位不仅要进入 CF，而且还要填补空出的位，CF 的内容为最后移入位的值。如图 3-7 所示，受影响的标志位为 CF、OF。

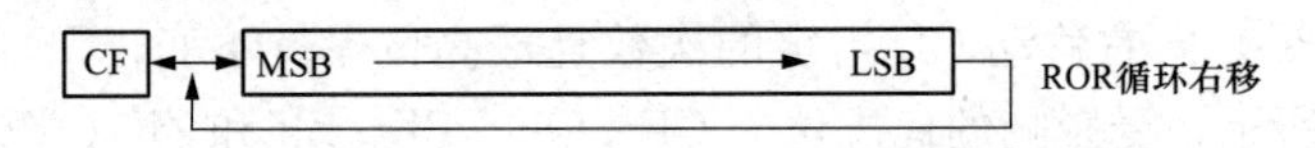

图 3-7　不带进位循环右移指令 ROR

(3) 带进位循环左移指令 RCL。

格式：RCL OPD，1

　或　RCL OPD，CL

描述：把目的操作数的低位向高位移 CL 规定的次数，用原 CF 的值填补空出的位，移出的位进入 CF。如图 3-8 所示，受影响的标志位为 CF、OF。

CF　MSB　LSB　RCL带进位的循环左移

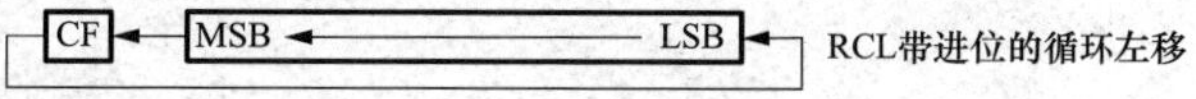

图 3-8　带进位循环左移指令 RCL

（4）带进位循环右移指令 RCR。

格式：RCR OPD，1

　或　RCR OPD，CL

描述：把目的操作数的高位向低位移 CL 规定的次数，移出的位不仅要进入 CF，而且还要填补空出的位，如图 3-9 所示，受影响的标志位为 CF、OF。

CF　MSB　LSB　RCR带进位的循环右移

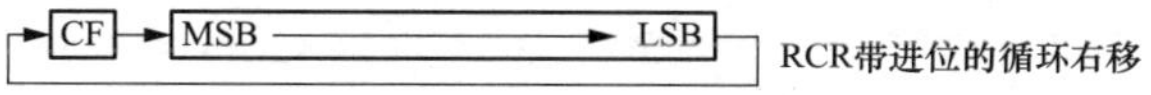

图 3-9　带进位循环右移指令 RCR

四、实验内容与步骤

1. 实验内容

（1）用 A 命令写程序片段，在寄存器 AX 中存入一个数，要求对其用移位命令进行乘 8，除 4 的操作。

（2）编写程序片段，实现计算 A＝10 * B，要求用到移位命令，不用乘法计算。

（3）编写指令序列把由 DX 和 AX 组成的 32 位二进制数进行算术左移。

2. 实验步骤

（1）预习移位命令的基本知识，熟悉这些命令的基本操作，根据实验内容，整理编程思路。

（2）利用在 DEBUG 调试中的 A 命令输入对应程序片段。

（3）对写好的程序片段，利用 DEBUG 的 T、P 命令或 G 命令查看数据区，核对实验结果。

五、实验要求与提示

1. 实验要求

（1）根据实验内容，写出分析思路。

（2）对写出的程序片段，加上适量注释。

（3）回答思考问题。

（4）记录实验结果。

2. 实验提示

（1）移位运算中，左移一位相当于乘 2 操作，右移一位相当于除 2 操作。

对寄存器 AX 赋值为 4，然后先执行左移 1 位操作，再执行右移 1 位操作，用 P 命令观察寄存器 AX 的变化，如图 3-10 所示。

（2）算术移位适合于有符号数的运算，逻辑移位适用于无符号数的运算。

（3）32 位的移位注意 CF 的变化。

六、思考与练习及测评标准

（1）执行以下命令，观察 AX 是否有变化。

1）SAL AX，

　SAR　AX，1

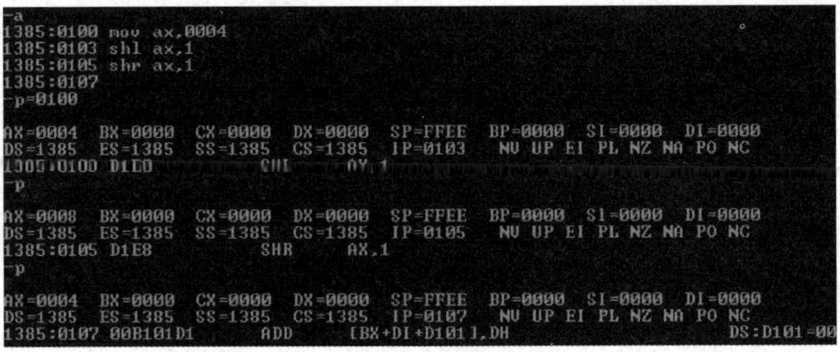

```
-a
1385:0100 mov ax,0004
1385:0103 shl ax,1
1385:0105 shr ax,1
1385:0107
-p=0100

AX=0004  BX=0000  CX=0000  DX=0000  SP=FFEE  BP=0000  SI=0000  DI=0000
DS=1385  ES=1385  SS=1385  CS=1385  IP=0103   NV UP EI PL NZ NA PO NC
1385:0100 D1E0          SHL     AX,1
-p

AX=0008  BX=0000  CX=0000  DX=0000  SP=FFEE  BP=0000  SI=0000  DI=0000
DS=1385  ES=1385  SS=1385  CS=1385  IP=0105   NV UP EI PL NZ NA PO NC
1385:0105 D1E8          SHR     AX,1
-p

AX=0004  BX=0000  CX=0000  DX=0000  SP=FFEE  BP=0000  SI=0000  DI=0000
DS=1385  ES=1385  SS=1385  CS=1385  IP=0107   NV UP EI PL NZ NA PO NC
1385:0107 00B101D1      ADD     [BX+DI+D101],DH                    DS:D101=00
```

图 3-10 用 P 命令观察寄存器 AX 的变化

2）SAR　AX，1

　SAL　AX，1

（2）移位指令如何影响标志位 CF、OF？

七、参考程序

```
；实验题 2
；根据：A = 10 * B = B * 2 * 2 * 2 + B * 2
MOV AX，B
SAL AX，1
MOV BX，AX
SAL AX，1
SAL AX，1  ；计算 8B
ADD AX，BX  ；计算 10 * B
MOV A，AX
；实验题 3
；本实验主要弄清 CF 位对移位的影响
MOV AX，9234
MOV DX，4321
RCL AX，1  ；将 AX 的最高位移入 CF
RCL DX，1  ；将 CF 移入 DX 的最低位
```

实验九　ASCⅡ码表示的十进制数、二进制数和 BCD 的互换编程实验（设计性实验）

一、实验目的

1. 了解汇编语言中十进制、二进制、BCD 码的表示形式。
2. 了解 BCD 值和 ASCⅡ值的区别。
3. 了解如何查表进行数值转换及快速计算。
4. 掌握利用汇编语言进行进制转换的方法。

二、软、硬件环境

汇编语言程序设计的实验环境如下。

1. 硬件环境

微型计算机（Intel x86 系列 CPU）一台。

2. 软件环境

（1）WindowsXP/Vista/7 等 32 位操作系统。

（2）任意一种文本编辑器［EDIT、NOTEPAD（记事本）、UltraEDIT 等］。

（3）汇编程序（MASM. EXE 或 TASM. EXE）。

（4）连接程序（LINK. EXE 或 TLINK. EXE）。

（5）调试程序（DEBUG. EXE 或 TD. EXE）。

（6）文本编辑器建议使用 EDIT 或 NOTEPAD，汇编程序建议使用 MASM. EXE，连接程序建议使用 LINK. EXE，调试程序建议使用 EDIT. EXE。

三、实验涉及的主要知识单元

通常在计算机中，从键盘输入的十进制数的每位数码，是以它的 ASCⅡ码表示的；要向 CRT 输出的十进制数的每位数也是用 ASCⅡ码表示的。而在机器中的一个十进制数，或者是以相应的二进制数存放；或者是以 BCD 码的形式存放。

1. 二进制

二进制是计算机技术中广泛采用的一种数制。二进制数是用 0 和 1 两个数码来表示的数。它的基数为 2，进位规则是“逢二进一”，借位规则是“借一当二”。

2. ASCⅡ码

ASCⅡ码是用 7 位二进制编码，它可以表示 2^7 即 128 个字符。每个 ASCⅡ码以 1 个字节（Byte）储存，从 0 到 127 代表不同的常用符号，如大写 A 的 ASCⅡ码是 65，小写 a 则是 97，数字 0 是 48。在对应的 ASCⅡ码表中可以查到。早期的 ASCⅡ码采用 7 位二进制代码对字符进行编码。它包括 32 个通用控制字符，10 个阿拉伯数字，52 个英文大、小字母，34 个专用符号共 128 个。7 位 ASCⅡ代码在最高位添加一个“0”组成 8 位代码，正好占一个字节，在存储和传输信息中，最高位常作为奇偶校验位使用。扩展 ASCⅡ码，即第八位不再视为校验位而是当作编码位使用。扩展 ASCⅡ码有 256 个。

3. BCD 码

BCD 码是一种二进制的数字编码形式，用二进制编码的十进制代码。BCD 码就是用 4 位二进制数表示 1 位十进制整数。表示的方法有多种，常用的是 8421BCD 码。例如，十进制 0 用 BCD 码表示为 0000，十进制 9 用 BCD 码表示为 1001。在计算机中，同一个数可用两种 BCD 格式来表示：压缩 BCD 码，非压缩 BCD 码。

（1）压缩 BCD 码。压缩 BCD 码用 4 位二进制数表示一个十进制数位，整个十进制数用一串 BCD 码来表示。例如，十进制数 43 表示成压缩 BCD 码为 0100 0011，十进制数 1998 表示成压缩 BCD 码为 0001 1001 1001 1000。

（2）非压缩 BCD 码。非压缩 BCD 码用 8 位二进制数表示一个十进制数位，其中低 4 位是 BCD 码，高 4 位是 0。例如，十进制数 83 表示成压缩 BCD 码为 0000 1000 0000 0011。

四、实验内容与步骤

1. 实验内容

（1）将一个用 ASCⅡ码表示的多位十进制转换为二进制，要求十进制不大于 65535，且输入数码为无符号数。

（2）将用 ASCⅡ码表示的数字串，转化为压缩 BCD 码。

2. 实验步骤

(1) 预习 ASCⅡ码、BCD码的基本知识，以及进制转换的相关操作，根据实验内容，写出程序思路。

(2) 编写汇编源程序，取名为“CH33-1. ASM”“CH33-2. ASM”。

(3) 汇编、连接该源程序，产生“CH33-1. EXE”“CH33-2. EXE”文件。

(4) 对两个文件进行调试运行：利用 DEBUG 的 T 或 P 命令或 G 命令和 D 命令查看数据区，观看运行结果。

五、实验要求与提示

1. 实验要求

(1) 画出各程序流程图。

(2) 列出程序清单，加上适量注释。

(3) 回答思考问题。

(4) 记录实验结果。

2. 实验提示

(1) 十进制数字串转二进制从最高位开始，重复进行“高位 * 10＋低位”的操作，用公式表示为

$$\Sigma D_i \times 10^i = ((\cdots(D_n \times 10 + D_{n-1}) \times 10) + D_{n-2}) \times 10 + \cdots + D_1) \times 10 + D_0。$$

(2) 将 ASCⅡ码转换为压缩 BCD 码，将 ASCⅡ码的高 4 位置 0，再将十位 ASCⅡ码的低 4 位左移至高 4 位，再与个位 ASCⅡ码相或。采用约定寄存器法传递参数。

六、思考与练习及测评标准

1. ASCⅡ码与 BCD 码的区别是什么?

2. 二进制转换为十进制又该如何考虑?

七、参考程序

实验视频

```
; CH33-1. ASM
; ************************************************************************
DATA        SEGMENT
PR1         DB"INPUT A NUMBER STRING: $"; 输入数码串的提示
PR2         DB 0AH, 0DH,"OUT: $"          ; 输出提示
BUFF        DB 6
NU          DB 0
STRING      DB 6 DUP ("0")
DATA        ENDS
CODE        SEGMENT
    ASSUME CS: CODE, DS: DATA
START:    MOV AX, DATA
    MOV DS, AX
    LEA DX, PR1                               ; 显示输入提示
    MOV AH, 09H
    INT 21H
    MOV AH, 0AH                               ; 输入数码
```

```
    MOV DX, OFFSET BUFF
    INT 21H
    LEA BX, NU                  ; BX：数码缓冲区首地址
    CALL DTOBIN                 ; 调用十进制码到二进制数值的转换
    MOV BX, AX                  ; AX 中的二进制数值存到 BX
    LEA DX, PR2                 ; 显示输出提示
    MOV AH, 09H
    INT 21H
    MOV CX, 16                  ; 16 表示二进制数的位数
LP: ROL BX, 1                   ; BX 的最高位循环移位到 D0 位
    MOV DL, BL
    AND DL, 01H                 ; 保留 DL 中的 D0 位
    ADD DL, 30H                 ; 把 D0 位的一位二进制数转换为 ASCⅡ码
    MOV AH, 02H                 ; 显示
    INT 21H
    LOOP LP                     ; 循环显示下一位
    MOV AH, 4CH                 ; 返回命令提示符
    INT 21H
; 十进制数码转换为二进制数值的过程
DTOBIN  PROC
    PUSH  BX                    ; 保护现场
    PUSH  CX
    PUSH  DX
    XOR   AX, AX                ; AX 清 0
    MOV   CL, [BX]              ; CX 是位数
    XOR   CH, CH
    INC   BX                    ; [BX] 指向最高位数码
    JCXZ  DTOBIN2               ; 若位数为 0，不进入转换循环
DTOBIN1: MOV  DX, 10
    MUL   DX                    ; 高位乘 10
    MOV   DL, [BX]              ; 读取低位 ASCⅡ码
    INC   BX                    ; BX 指向下一个字符
    AND   DL, 0FH               ; 取得的字符转换为数值
    XOR   DH, DH
    ADD   AX, DX                ; 加低位
    LOOP  DTOBIN1
DTOBIN2: POP  DX                ; 恢复现场
    POP   CX
    POP   BX
    RET                         ; 返回调用程序
DTOBIN  ENDP
CODE    ENDS
```

```
END   START
; CH33-2.ASM
; ***************************************************************************
DATA      SEGMENT
ASCBUF    DB  '135789';                  数字ASCⅡ码串
LEN       DB  $-ASCBUF;                  ASCⅡ码串长度
BCDBUF    DB  3  DUP(?)
STACK     ENDS
CODE      SEGMENT
    ASSUME CS:CODE, DS:DATA
BEGIN:    MOV  AX, DATA
    MOV  DS, AX
    MOV  CH, 0
    MOV  CL, LEN;                        入口参数初始化
    LEA  SI, ASCBUF
    LEA  DI, BCDBUF
    CALL ATB;                            调用子程序完成转换
    MOV  AH, 4CH
    INT  21H
; 子程序名称:ATB
; 子程序功能:ASCⅡ码串转换成压缩BCD码
; 入口参数:SI, ASCⅡ码串首地址
           CX, ASCⅡ码串长度
; 出口参数:DI, 压缩BCD码首地址
ATB       PROC
NEXT:     LODSB;        从ASCBUF中取一个字节字符送至AL中,并使SI加1
    AND AL, 0FH;        取其低4位
    MOV BL, AL
    LODSB;              取下一个字节字符,并使SI指向下一字符
    AND AL, 0FH
    PUSH CX
    MOV  CL, 04
    SAL  AL, CL;        左移4位,低4位为0
    POP  CX
    OR   AL, BL;        组合成压缩BCD码
    STOSB;              将AL中的压缩BCD码送BCDBUF,并使DI加1
    DEC  CX
    LOOP NEXT;          全部转换完否
    RET
ATB                 ENDP
CODE                ENDS
END                 BEGIN
```

实验视频

第四章 字符串操作及输入/输出实验

知识提要

本章主要进行字符串处理和输入/输出实验，涉及的知识点包括：

1. 字符串处理指令

常用的字符串处理指令有传送指令 MOVS、比较指令 CMPS、扫描指令 SCAS、装入指令 LODS、存储指令 STOS、串输入指令 INS 和串输出指令 OUTS。

2. 与串处理基本指令配合的前缀

主要有重复指令 REP、相等/为零则重复指令 REPE/REPZ 和不相等/不为零则重复指令 REPNE/REPNZ。

3. 字符/字符串输入/输出

主要利用 DOS 的 INT 21H 中断功能调用来实现字符或字符串的输入/输出操作，其中 1 号功能表示输入字符；2 号功能表示输出字符；0A 号功能表示输入字符串；09 号功能表示输出字符串。

实验十 字符串操作编程实验（设计性实验）

一、实验目的

1. 了解汇编语言字符串处理基本流程。
2. 熟悉汇编语言字符串处理基本指令的使用方法。
3. 掌握利用汇编语言实现字符串处理的程序设计方法。

二、软、硬件环境

汇编语言程序设计的实验环境如下。

1. 硬件环境

微型计算机（Intel x86 系列 CPU）一台。

2. 软件环境

（1）WindowsXP/Vista/7 等 32 位操作系统。

（2）任意一种文本编辑器［EDIT、NOTEPAD（记事本）、UltraEDIT 等］。

（3）汇编程序（MASM. EXE 或 TASM. EXE）。

（4）连接程序（LINK. EXE 或 TLINK. EXE）。

（5）调试程序（DEBUG. EXE 或 TD. EXE）。

（6）文本编辑器建议使用 EDIT 或 NOTEPAD，汇编程序建议使用 MASM. EXE，连接程序建议使用 LINK. EXE，调试程序建议使用 EDIT. EXE。

三、实验涉及的主要知识单元

1. 字符串处理基本操作流程

(1) 利用SI寄存器保存源串首地址。

(2) 利用DI寄存器保存目的串首地址。

(3) 利用CX寄存器保存字符串长度。

(4) 利用CLD或STD指令设置字符串处理方向。

(5) 利用字符串处理指令实现相关处理。

其中，CLD指令使DF=0，在执行串处理指令时可使地址自动增量；STD使DF=1，在执行串处理指令时可使地址自动减量。

提示：字符串处理一般都涉及源串和目的串，汇编语言规定源串在数据段中定义，目的串在附加段中定义。

2. 重复前缀指令

REP重复串操作直到计数寄存器的内容为0为止。可与REP配合工作的字符串处理指令有MOVS、STOS、LODS、INS和OUTS。

REPE/REPZ判断计数寄存器的内容是否为0或ZF=0（即比较的两个操作数不等），是的话退出，否则继续执行。可与REPE/REPZ配合工作的串指令有CMPS和SCAS。

REPNE/REPNZ判断计数寄存器的内容是否为0或ZF=1（即比较的两个操作数相等），是的话退出，否则继续执行。可与REPE/REPZ配合工作的串指令有CMPS和SCAS。

3. 字符串处理基本指令

(1) MOVS传送指令。

格式：MOVS DST，SRC或MOVSB（传送字节）或MOVSW（传送字）或MOVSD（传送双字）。后面三种形式需要与REP指令结合使用。

该指令把由源变址寄存器（SRC）指向的数据段中的一个字（或双字，或字节）数据传送到由目的变址寄存器（DST）指向的附加段中的一个字（或双字，或字节）中去，同时，根据方向标志及数据格式（字、双字或字节）对源变址寄存器和目的变址寄存器进行修改。

(2) STOS存入串指令。

格式：STOS DST或STOSB（存入字节）或STOSW（存入字）或STOSD（存入双字）。

该指令把AL或AX或EAX的内容存入由目的变址寄存器指向的附加段的某单元中，并根据方向标志（DF）和数据类型修改目的变址寄存器的内容。

(3) LODS从串取指令。

格式：LODS SRC或LODSB（取字节）或LODSW（取字）或LODSD（取双字）。

该指令把由源变址寄存器指向的数据段中某单元的内容传送到AL、AX或EAX中，并根据方向标志和数据类型修改源变址寄存器的内容。

(4) INS串输入指令。

格式：INS DST，DX或INSB或INSW或INSD。

该指令把端口号在DX寄存器中的I/O空间的字节、字或双字传送到附加段中的由目的变址寄存器所指向的存储单元中，并根据DF的值和数据类型修改目的变址寄存器的内容。

(5) OUTS串输出指令。

格式：OUTS DX，SRC或OUTSB或OUTSW或OUTSD。

该指令把由源变址寄存器所指向的存储器中的字节、字或双字传送到端口号在DX寄存器中的I/O端口中去，并根据DF及数据类型修改源变址寄存器的内容。

(6) CMPS串比较指令。

格式：CMPS SRC，DST或CMPSB或CMPSW或CMPSD。

该指令把由源变址寄存器指向的数据段中的一个字节、字或双字与由目的变址寄存器所指向的附加段中的一个字节、字或双字相减，但不保存结果，只根据结果设置条件标志。

该指令与REPE/REPZ或REPNE/REPNZ结合，可以比较两个数据串。

(7) SCAS串扫描指令。

格式：SCAS DST或SCASB或SCASW或SCASD。

该指令把AL、AX或EAX的内容与由目的变址寄存器所指向的附加段中的一个字节、字或双字进行比较，并不保存结果，只根据结果设置条件码。

该指令与REPE/REPZ或REPNE/REPNZ结合，可以从一个字符串中查找一个指定的字符。

4. 字符串处理程序设计示例

比较两串字符串是否相同，相同则显示字符串内容，不同则显示“NO MATCH!”。

首先进行题目分析。

(1) 判断两串字符串不同。如果两串字符串长度不等，那它们肯定不相同，故首先要判断它们的长度是否相同。如果两串字符串长度相等，那么就逐个判断对应的字符是否相同。

(2) 分析数据定义。按题目要求，至少要定义两串字符串，还有就是不同时的“NO MATCH!”提示信息的显示。为使程序的通用性比较好，字符串长度最好能自动获取。需要注意的就是该题目如果利用字符串处理指令进行，则源串和目的串应该分别定义在数据段与附加段。

(3) 分析程序设计。按照(1)的分析，首先要比较字符串长度是否相同，此时需要获取字符串长度，并比较，可以用CMP指令进行；如果字符串长度相等，则利用字符串处理指令进行逐个字符比较，可以利用CMPS进行，在用CMPS之前需要按照字符串处理基本流程进行前期准备。

(4) 具体程序设计。

```
DATA SEGMENT
STR1 DB 'NHALLO $'          ；源串
N EQU $-STR1                ；自动获取字符串长度
MESS DB 'NO MATCH! $'       ；提示信息
 DATA ENDS
 DATA1 SEGMENT
 STR2 DB 'HELLOA $'         ；目的串
 M EQU $-STR2               ；自动获取字符串长度
 DATA1 ENDS
 CODE SEGMENT
    ASSUME CS：CODE，DS：DATA，ES：DATA1
  START：
```

```
        MOV AX, DATA
        MOV DS, AX            ; 数据段段寄存器赋值
        MOV AX, DATA1
        MOV ES, AX            ; 附加段段寄存器赋值
        MOV AL, N
        CMP AL, M             ; 比较两串字符串的长度
        JNZ EXIT              ; 不相等转到 EXIT，显示 NO MATCH!
        LEA SI, STR1          ; 相等则利用字符串处理指令进行比较
        LEA DI, STR2
        MOV CL, N
        MOV CH, 0
        CLD
        REPE CMPSB            ; 利用 CMPSB 比较两串字符串的每个字符
        JNZ EXIT              ; 跳出上述循环操作时，如果 CX 不为 0 表示两串字符，串
                              ; 有不相等字符出现，转 EXIT 显示 NO MATCH!
        LEA DX, STR1          ; 否则，两串字符串完全相等，显示字符串信息
        JMP L1
EXIT:   LEA DX, MESS
L1:     MOV AH, 9             ; 9 号功能调用显示字符串信息
        INT 21H
        MOV AH, 4CH           ; 程序结束
        INT 21H
CODE ENDS
END START
```

四、实验内容与步骤

1. 实验内容

(1) 编写程序，将内存中某一区域的数据传送到另一区域（要求用字符串处理方法）。

(2) 编写程序，在已知字符串中搜索特定字符“ * ”，若找到则显示该字符，找不到则显示“NOFOUND”。

(3) 编写程序，统计一串字符串中某字符出现的次数。

2. 实验步骤

(1) 预习字符串处理基本知识，根据实验内容，画出流程图。

(2) 利用 EDIT 或其他编辑软件，编写汇编源程序，取名为“CH4EX1. ASM”“CH4EX2. ASM”和“CH4EX3. ASM”。

(3) 汇编、连接该源程序，产生“CH4EX1. EXE”“CH4EX2. EXE”和“CH4EX3. EXE”文件。

(4) 对“CH4EX1. EXE”和“CH4EX3. EXE”文件进行调试运行：利用 DEBUG 的 T 命令或 G 命令和 D 命令查看数据区，字符串是否传送成功及字符出现次数。

五、实验要求与提示

1. 实验要求

(1) 画出各程序流程图。

（2）列出程序清单，加上适量注释。

（3）回答思考问题。

（4）记录实验结果。

2. 实验提示

（1）数据区中的字符串应以＄结尾。

（2）显示单个字符可用DOS的INT 21H的2号功能，将字符放在AL寄存器中，2号放在AH寄存器中。

```
MOVAL， *
MOV AH，2
INT 21H
```

（3）显示字符串可用如下指令，但要提前定义需要显示的字符串。

```
LEA DX，STR
MOV AH，9
INT 21H
```

六、思考与练习及测评标准

1. 不用字符串处理方法，而用其他方法如何实现实验（1）的程序设计？

2. 要求从键盘输入字符串数据，如何修改实验（1）？

3. ＄符号在字符串里的作用是什么？

七、参考程序

实验视频

```
; CH4EX1.ASM
DATA  SEGMENT
 STR1  DB  'hello everybody $'
 N  EQU  $-STR1
 DATA  ENDS

 DATA1  SEGMENT
 STR2  DB  30 DUP (?)
 DATA1  ENDS

 CODE  SEGMENT
      ASSUME  CS: CODE, DS: DATA, ES: DATA1
   START:
      MOV  AX, DATA
      MOV  DS, AX
      MOV  AX, DATA1
      MOV  ES, AX
      LEA  SI, STR1
      LEA  DI, STR2
      MOV  CL, N
      MOV  CH, 0
```

```
    CLD
    REP  MOVSB
    MOV  AH, 4CH
    INT  21H
CODE  ENDS
    END  START
```

```
; CH4EX2.ASM

DATA  SEGMENT
  MESS  DB  'no found$'
  CHAR  DB  'o'
  DATA  ENDS

  DATA1  SEGMENT
  STR1  DB  'i love you$'
    N  EQU  $-STR1
  DATA1  ENDS

  CODE  SEGMENT
      ASSUME  CS: CODE, DS: DATA, ES: DATA1
    START:
      MOV  AX, DATA
      MOV  DS, AX
      MOV  AX, DATA1
      MOV  ES, AX
      LEA  DI, STR1
      MOV  AL, CHAR
      MOV  CL, N
      MOV  CH, 0
      CLD
      REPNE  SCASB
      CMP  CX, 0
      JZ  L0
      MOV  DL, CHAR
      MOV  AH, 2
      INT  21H
      JMP  EXIT
  L0: LEA  DX, MESS
      MOV  AH, 9
      INT  21H
  EXIT: MOV  AH, 4CH
```

```
      INT   21H
  CODE   ENDS
      END   START
; CH4EX3. ASM
; 字符串统计
  STACK   SEGMENT   PARA STACK 'STACK'
      DB   100H DUP (?)
  STACK   ENDS

  DATA   SEGMENT
    BUFFER   DB   'SABDFABKAGBFS'
    N   EQU   $-BUFFER
  DATA   ENDS
  CODE   SEGMENT
      ASSUME   CS: CODE, DS: DATA
    START:
      MOV   AX, DATA
      MOV   DS, AX
      XOR   BX, BX
      MOV   SI, OFFSET BUFFER
      MOV   CX, N
  L1: MOV   AL, [SI]
      CMP   AL, 'A'
      JNE   L2
      INC   SI
      DEC   CX
      JE   L4
      MOV   AL, [SI]
      CMP   AL, 'B'
      JNE   L3
      INC   BL
  L2: INC   SI
  L3: JMP   L1
  L4: MOV   DL, BL
      OR   DL, 30H
      MOV   AH, 2
      INT   21H
      MOV   AH, 4CH
      INT   21H
  CODE   ENDS
      END   START
```

实验视频

实验十一　字符及字符串的输入/输出编程实验（设计性实验）

一、实验日的

1. 熟悉汇编语言程序设计结构。
2. 熟悉汇编语言字符串处理基本指令的使用方法。
3. 掌握利用汇编语言实现字符的输入/输出程序设计方法。
4. 掌握利用汇编语言实现字符串的输入/输出程序设计方法。

二、软、硬件环境

汇编语言程序设计的实验环境如下。

1. 硬件环境

微型计算机（Intel x86 系列 CPU）一台。

2. 软件环境

（1）WindowsXP/Vista/7 等 32 位操作系统。

（2）任意一种文本编辑器［EDIT、NOTEPAD（记事本）、UltraEDIT 等)］。

（3）汇编程序（MASM. EXE 或 TASM. EXE）。

（4）连接程序（LINK. EXE 或 TLINK. EXE）。

（5）调试程序（DEBUG. EXE 或 TD. EXE）。

（6）文本编辑器建议使用 EDIT 或 NOTEPAD，汇编程序建议使用 MASM. EXE，连接程序建议使用 LINK. EXE，调试程序建议使用 EDIT. EXE。

三、实验涉及的主要知识单元

在实际应用中，经常需要从键盘输入数据，并将结果等内容显示到屏幕上，方便程序控制及查看结果。汇编语言的数据输入和输出分成两类，一是单个字符数据的输入/输出，二是字符串数据的输入/输出。都可通过 DOS 功能调用来实现，下面就分别介绍下用来实现数据输入/输出的功能调用的使用方法。

1. 单个字符输入

单个字符输入可利用 DOS 的 1 号功能调用来完成，使用方法为

```
    MOV AH，1
    INT 21H
```

这两条语句执行后，光标会在屏幕上闪烁，等待输入数据，输入的数据以 ASCII 码形式存储在 AL 寄存器中。

下面简单举例说明单个字符输入的使用，从键盘输入一个数据，并将其存储到存储器中，程序如下所示，输入数据如图 4-1 所示。

```
DATA SEGMENT
A  DB  ?            ；保存键盘输入的数据
DATA ENDS
CODE SEGMENT
    ASSUME CS：CODE，DS：DATA
START：
```

```
    MOV AX, DATA
    MOV DS, AX
    MOV AH, 1        ; DOS 的 1 号功能调用
    INT 21H
    MOV A, AL        ; 将输入数据保存到 A 中
    MOV AH, 4CH
    INT 21H
CODE ENDS
  END START
```

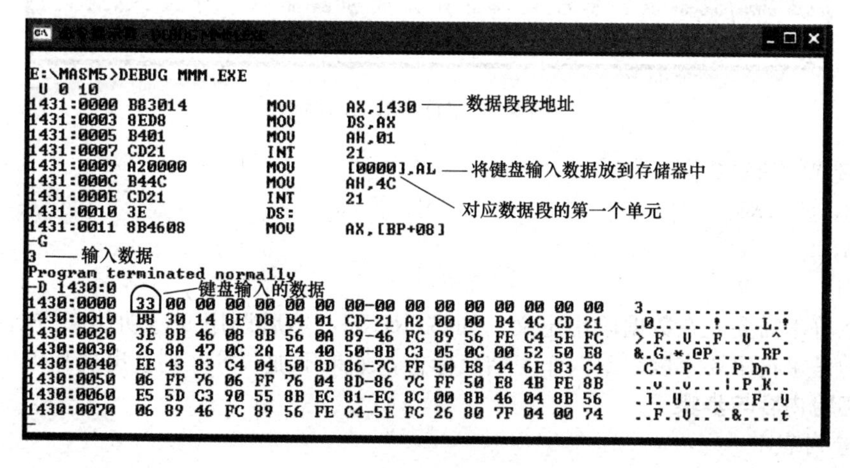

图 4-1　键盘输入数据示例

2. 单个字符输出

单个字符输出可利用 DOS 的 2 号功能调用来完成，使用方法为

```
MOV DL, '? '
MOV AH, 2
INT 21H
```

单个字符输出需要把要输出字符的 ASCII 码放在 DL 寄存器中。

3. 字符串输入

从键盘输入一串字符串可利用 DOS 的 10 号功能调用来完成，使用方法为

```
BUF DB 50           ; 预定义可输入的最大字符个数
DB ?                ; 实际输入字符个数，根据输入自动统计
DB 50 DUP (?)       ; 存放输入字符串数据缓冲区

LEA DX, BUF
MOV AH, 10
INT 21H
```

利用 10 号功能实现字符串输入，需要在数据段中预定义缓冲区，如上所述，图 4-2 给出了利用 10 号功能调用实现字符串输入的示例。

4. 字符串输出

字符串输出可由 DOS 的 9 号功能调用来完成，使用方法为

```
命令提示符 - DEBUG MMM.EXE
E:\MASM5>DEBUG MMM.EXE
-U 0 F
1434:0000 B83014        MOV     AX,1430
1434:0003 8ED8          MOV     DS,AX
1434:0005 8D160000      LEA     DX,[0000]
1434:0009 B40A          MOV     AH,0A
1434:000B CD21          INT     21
1434:000D B44C          MOV     AH,4C
1434:000F CD21          INT     21
-G
dajiahaoma!
Program terminated normally
-d 1430:0
1430:0000  32 0B 64 61 6A 69 61 68-61 6F 6D 61 21 0D 00 00   2.dajiahaoma!...
1430:0010  00 00 00 00 00 00 00 00-00 00 00 00 00 00 00 00   ................
1430:0020  00 00 00 00 00 00 00 00-00 00 00 00 00 00 00 00   ................
1430:0030  00 00 00 00 00 00 00 00-00 00 00 00 00 00 00 00   ................
1430:0040  B8 30 14 8E D8 8D 16 00-00 B4 0A CD 21 B4 4C CD   .0..........!.L.
1430:0050  21 FF 76 06 FF 76 04 8D-86 7C FF 50 E8 4B FE 8B   !.v..v...|.P.K..
1430:0060  E5 5D C3 90 55 8B EC 81-EC 8C 00 8B 46 04 8B 56   .]..U.......F..V
1430:0070  06 89 46 FC 89 56 FE C4-5E FC 26 80 7F 04 00 74   ..F..V..^.&....t
-
-
```

10号功能调用实现字符串输入

从键盘输入一串字符串

输入的字符数据在缓冲区中的存储情况

输入字符串的ASCⅡ码

实际输入的字符个数

预定义可以输入的最大字符个数

图 4-2 字符串输入示例

```
STRING DB 'HELLO $'
LEA DX, STRING
MOV AH, 9
INT 21H
```

显示字符串需要先在数据段中定义，如 STRING，然后调用 9 号功能来进行显示输出。需要注意的是字符串要求以“$”作为结束标志，如果不加“$”则会出现乱码显示效果。

四、实验内容与步骤

1. 实验内容

修改实验一的题目 1 和 2 为：

（1）从键盘输入一串字符串（要求输入时给出信息提示），存入内存中数据段的某一区域，然后编写程序，将其传送到附加段中的另一区域（要求用字符串处理方法）。

（2）从键盘输入一串字符串（要求输入时给出信息提示），存入内存中某一区域，然后输入一个字符“*”（要求输入时给出信息提示），编写程序在输入的字符串中搜索特定字符“*”，若找到则显示该字符，找不到则显示“NOFOUND”。

（3）从键盘输入一串字符串（显示提示）到内存中，在该字符串的某个位置，插入某一字符或删除某一字符，并显示操作后的字符串。

2. 实验步骤

（1）预习字符串处理基本知识，以及字符/字符串输入/输出基本操作，根据实验内容，画出流程图。

（2）利用 EDIT 或其他编辑软件，编写汇编源程序，取名为“CH4EX4.ASM”“CH4EX5.ASM”和“CH4EX6.ASM”。

（3）汇编、连接该源程序，产生“CH4EX4.EXE”“CH4EX5.EXE”和“CH4EX6.EXE”文件。

（4）对“CH4EX4.EXE”文件进行调试运行：利用 DEBUG 的 T 命令或 G 命令和 D 命令查看数据区，字符串是否正确保存到数据区、字符串是否传送成功、字符插入和删除操作是否成功。

五、实验要求与提示

1. 实验要求

（1）画出各程序流程图。

(2) 列出程序清单，加上适量注释。

(3) 回答思考问题。

(4) 记录实验结果。

2. 实验提示

(1) 提示信息实际上也是一串字符串，可以利用 9 号功能显示。

(2) 如果字符串结尾没有 $，显示时会出现乱码。

六、思考与练习及测评标准

1. 字符串在内存中是如何存储的？
2. 屏幕有多个字符串显示时，如何换行？
3. 如果想在一串字符串中同时查找多个字符，如何修改题目 2 的程序？

七、参考程序

实验视频

```
; CH4EX4.ASM
DATA  SEGMENT
    STR1  DB  50,?，50 DUP (?)
  MESS1  DB  'please input string1： $'
  MESS2  DB  0AH，0DH，'$'
    DATA  ENDS

  DATA1  SEGMENT
    STR2  DB  50 DUP (?)
  DATA1  ENDS

  CODE  SEGMENT
    ASSUME    CS：CODE，DS：DATA，ES：DATA1
      START：
    MOV  AX，DATA
    MOV  DS，AX
    MOV  AX，DATA1
    MOV  ES，AX
    LEA  DX，MESS1
    MOV  AH，9
    INT  21H
    LEA  DX，MESS2
    MOV  AH，9
    INT  21H
    LEA  DX，STR1
    MOV  AH，0AH
    INT  21H
    LEA  SI，STR1
    LEA  DI，STR2
    MOV  CL，[SI + 1]
    MOV  CH，0
```

```
ADD   SI, 2
CLD
REP   MOVSB
MOV   AH, 4CH
INT   21H
CODE  ENDS
END   START
```

实验视频

```
; CH4EX5.ASM
DATA  SEGMENT
STR1    DB  50,?, 50 DUP (?)
MESS1   DB  'please input string1: $'
MESS2   DB  'please input a char: $'
MESS3   DB  0AH, 0DH, '$'
MESS4   DB  'no found $'
CHAR    DB  ?
DATA    ENDS

DATA1   SEGMENT
DATA1   ENDS

CODE  SEGMENT
ASSUME    CS: CODE, DS: DATA, ES: DATA1
START:
MOV   AX, DATA
MOV   DS, AX
MOV   AX, DATA1
MOV   ES, AX
LEA   DX, MESS1
MOV   AH, 9
INT   21H
LEA   DX, MESS3
MOV   AH, 9
INT   21H
LEA   DX, STR1
MOV   AH, 0AH
INT   21H
LEA   DX, MESS3
MOV   AH, 9
INT   21H
LEA   DX, MESS2
MOV   AH, 9
```

```
    INT   21H
    LEA   DX, MESS3
    MOV   AH, 9
    INT   21H
    MOV   AH, 1
    INT   21H
    MOV   CHAR, AL
    LEA   DX, MESS3
    MOV   AH, 9
    INT   21H
    MOV   AL, CHAR
    LEA   SI, STR1
    MOV   CL, [SI+1]
    MOV   CH, 0
LOOP: CMP   AL, [SI+2]
    JZ  L0
    INC   SI
    DEC   CX
    JNZ   LOOP
    LEA   DX, MESS4
    MOV   AH, 9
    INT   21H
    JMP   EXIT
    L0: MOV   DL, CHAR
    MOV   AH, 2
    INT   21H

EXIT: MOV   AH, 4CH
    INT   21H
    CODE   ENDS
    END   START

; CH4EX6-1.ASM
; 删除字符
    NAME   NAME2   ; 上机题 2
    DATA   SEGMENT
DA       DB      0DH, 0AH
STRIN    DB      'This is a very book $'
COUNT    DB      $-STRIN
MESG     DB      0DH, 0AH, '删除字符的位置： $'
N        DB      ?
DATA     ENDS
```

实验视频

```
STACK    SEGMENT   PARA STACK 'STACK'
DB       100H DUP (?)
STACK    ENDS
CODE     SEGMENT
ASSUME   CS: CODE, DS: DATA, ES: DATA, SS: STACK
START:   MOV  AX, DATA
  MOV    DS, AX
  MOV    ES, AX
  MOV    DX, OFFSET STRIN
  MOV    AH, 9
  INT    21H
  MOV    DX, OFFSET MESG
  MOV    AH, 9
  INT    21H
  MOV    AH, 1
  INT    21H
  AND    AL, 0FH
  MOV    DI, OFFSET STRIN
  MOV    N, AL
  MOV    CX, COUNT-N
  MOV    AH, 0
  ADD    DI, AX
  MOV    SI, DI
  INC    SI
  CLD
  REP    MOVSB
  MOV    DX, OFFSET DA
  MOV    AH, 9
  INT    21H
  MOV    DX, OFFSET STRIN
  MOV    AH, 9
  INT    21H
NEXT:   MOV  AH, 4CH
  INT    21H
  CODE   ENDS
  END    START
```

实验视频

```
; CH4EX6-2.ASM
; 在给定的字符串中插入任意字符
 STACK    SEGMENT   PARA STACK 'STACK'
 DB       100H DUP (?)
```

```
STACK   ENDS
DATA    SEGMENT
BUFFER  DB  'SABDFABKGFS'
N       EQU  $-BUFFER
DB      ?, '$'
MSSG1   DB  0DH, 0AH, 'Please input the insert position: $'
MSSG2   DB  0DH, 0AH, 'Please input the insert character: $'
DATA    ENDS

CODE    SEGMENT
ASSUME  CS: CODE, DS: DATA
START:
  MOV   AX, DATA
  MOV   DS, AX
  MOV   DX, OFFSET MSSG1
  MOV   AH, 9
  INT   21H
  MOV   AH, 1
  INT   21H
  AND   AL, 0FH
  MOV   BX, OFFSET BUFFER + (N-1)
  L1:   MOV  AH, [BX]
  MOV   [BX + 1], AH
  CMP   BL, AL
  JE    L2
  DEC   BX
  JMP   L1
  L2:   MOV  DX, OFFSET MSSG2
  MOV   AH, 9
  INT   21H
  MOV   AH, 1
  INT   21H
  MOV   [BX], AL
  MOV   DX, OFFSET BUFFER
  MOV   AH, 9
  INT   21H
  MOV   AH, 4CH
  INT   21H
CODE    ENDS
  END   START
```

第五章　程序设计的基本结构实验

本章主要进行程序设计的基本结构实验，涉及的知识点包括：

1. 分支程序设计

常用的转移指令有无条件转移指令、条件转移指令等；分支结构又分为双分支结构和多分支结构，多分支结构又分为相异性条件多分支结构和相容性条件多分支结构。

2. 循环程序设计

循环程序结构大体可分为4个部分，包括设置循环初值、循环体、修改部分和循环控制部分，其中，循环控制部分可以使用条件转移指令、控制循环指令或串操作指令和重复前缀来实现。

3. 子程序设计

子程序的设计包括子程序的定义、调用、现场保护和程序间的参数传递方法等设计内容。

实验十二　分支程序设计（设计性实验）

一、实验要求和目的

1. 熟悉汇编语言程序设计结构。
2. 熟悉汇编语言分支程序基本指令的使用方法。
3. 掌握利用汇编语言实现单分支、双分支、多分支的程序设计方法。

二、软、硬件环境

汇编语言程序设计的实验环境如下。

1. 硬件环境

微型计算机（Intel x86 系列 CPU）一台。

2. 软件环境

（1）WindowsXP/Vista/7 等 32 位操作系统。

（2）任意一种文本编辑器［EDIT、NOTEPAD（记事本）、UltraEDIT 等］。

（3）汇编程序（MASM. EXE 或 TASM. EXE）。

（4）连接程序（LINK. EXE 或 TLINK. EXE）。

（5）调试程序（DEBUG. EXE 或 TD. EXE）。

（6）文本编辑器建议使用 EDIT 或 NOTEPAD，汇编程序建议使用 MASM. EXE，连接程序建议使用 LINK. EXE，调试程序建议使用 EDIT. EXE。

三、实验涉及的主要知识单元

在实际应用中，经常根据一些条件来选择一条分支执行。汇编语言的条件判断主要是通过状态寄存器中的状态位、无符号数相减或有符号相减而导致的结果来进行。

1. 无条件转移指令 JMP

无条件转移指令 JMP 是使程序无条件转移至目标处，又分为段内转移、段间转移。

2. 条件转移指令 JXX

条件转移指令可分为三大类。

（1）简单条件转移指令。根据单个标志位的状态判断转移条件，见表 5-1。

表 5-1　简单条件转移指令

标志位	指令	转移条件	意义
CF	JC	CF=1	有进位/借位
	JNC	CF=0	无进位/借位
ZF	JE/JZ	ZF=1	相等/等于 0
	JNE/JNZ	ZF=0	不相等/不等于 0
SF	JS	SF=1	是负数
	JNS	SF=0	是正数
OF	JO	OF=1	有溢出
	JNO	OF=0	无溢出
PF	JP/JPE	PF=1	有偶数个 1
	JNP/JPO	PF=0	有奇数个 1

（2）无符号数条件转移指令。假设在条件转移指令前使用比较指令，比较两个无符号数 A、B，指令进行的操作是 A－B，其转移指令见表 5-2。

表 5-2　无符号数条件转移指令

指令	转移条件	意义
JA/JNBE	CF=0 AND ZF=0	A>B
JAE/JNB	CF=0 OR ZF=1	A⩾B
JB/JNAE	CF=1 AND ZF=0	A<B
JBE/JNA	CF=1 OR ZF=1	A⩽B

（3）带符号数条件转移指令（见表 5-3）。

表 5-3　带符号数条件转移指令

指令	转移条件	意义
JG/JNLE	SF=OF AND ZF=0	A>B
JGE/JNL	SF=OF OR ZF=1	A⩾B
JL/JNGE	SF OF AND ZF=0	A<B
JLE/JNG	SF OF OR ZF=1	A⩽B

下面就有符号数转移指令来了解汇编语言程序设计方法。

如：判断方程 $AX^2+BX+C=0$ 是否有实根。若有实根，则将字节变量 TAG 置 1，否则置 0。假设 A、B、C 均为字节变量，数据范围为－128～127。

分析：二元一次方程有根的条件是 $B^2-4\cdot A\cdot C\geqslant 0$。依据题意，先计算出 B^2 和 $4\cdot A\cdot C$，然后比较两者大小，根据比较结果给 TAG 赋不同的值。

```
DATA SEGMENT
  A DD 7
  B DB 8
  C DB 6
  TAG DB ?
DATA ENDS
CODE SEGMENT
  ASSUME DS：DATA，CS：CCODE
START：
MOV AX，DATA
MOV DS，AX
MOV AL，B
IMUL AL；乘法指令，求出 B² 的值并放入 AX 中
MOV BX，AX
MOVAL，A
IMUL C
MOV CX，4
IMUL CX
CMP BX，AX
JGE YES
MOV TAG ，0
JMP DONE
YES：MOV TAG，1
DONE：MOV AH，4CH
INT 21H
CODE ENDST
END START
```

四、实验内容与步骤

1. 实验内容

（1）编写一个程序，显示 AL 寄存器中的两位十六进制数。

（2）编写一个程序，判别键盘上输入的字符；若是 1～9 字符，则显示之；若为 A～Z 或 a～z 字符，均显示“c”；若是回车字符<CR>（其 ASCII 码为 0DH），则结束程序，若为其他字符则不显示，继续等待新的字符输入。

（3）以 ARRAY 为首地址的内存单元中，存放若干个 8 位的带符号数，统计数组中大于等于 0 的数的个数，并将结果存入 RESULT 字节单元中。

2. 实验步骤

（1）预习分支结构基本知识，熟悉双分支及多分支结构的实现方法，根据实验内容，画出流程图。

（2）利用 EDIT 或其他编辑软件，编写汇编源程序，取名为“CH5EX1. ASM”

“CH5EX2. ASM”和“CH5EX3. ASM”。

（3）汇编、连接该源程序，产生“CH5EX1. EXE”“CH5EX2. EXE”和“CH5EX3. EXE”文件。

（4）对“CH5EX3. EXE”文件进行调试运行，利用DEBUG的T命令或G命令和D命令查看数据区，8位的带符号数是否正确保存到数据区、结果是否存入RESULT字节单元。

五、实验要求与提示

1. 实验要求

（1）画出各程序流程图。

（2）列出程序清单，加上适量注释。

（3）回答思考问题。

（4）记录实验结果。

2. 实验提示

（1）参考程序中某些程序有错误，请认真检查，并在实验报告中指出。

（2）显示AL寄存器中的两位十六进制数，首先要把两个十进制数转换成ASCII码。

（3）判断是否有回车的指令为CMP AL，0DH。

六、思考与练习及测评标准

1. 在上述实验（1）的基础上，要求修改程序，实现在屏幕上显示5F字符。

2. 若ARRAY为首地址的内存单元中，存放若干个8位的不带符号数，用哪些比较指令？

七、参考程序

实验视频

```
；CH5EX1. ASM
CODE SEGMENT
       ASSUME CS：CODE
START：MOV AL，3EH
       MOV BL，AL
       MOV DL，AL
       MOV CL，4
       SHR DL，CL
       CMP DL，9
       JBE NEXT1
       ADD DL，7
NEXT1：ADD DL，30H
       MOV AH，2
       INT 21H                   ；显示高位ASCⅡ码
       MOV DL，BL
       AND DL，0FH
       CMP DL，9
       JBE NEXT2
       ADD DL，7
NEXT2：ADD DL，30H
       MOV AH，2
```

```
        INT 21H                         ；显示低位 ASCII 码
        MOV AH，4CH
        INT 21H
CODE    ENDS                            ；返回 DOS
        END START

；CH5EX2.ASM
CODE    SEGMENT
        ASSUME CS：CODE
START：MOV AH，1
        INT 21H                         ；等待键入字符，送 AL
        CMP AL，0DH                     ；是否是回车符？
        JZ  DONE                        ；是则转 DONE 退出程序
        CMP AL，'0'
        JB NEXT
        CMP AL，'9'
        JA CHARUP
        MOV DL，AL
        MOV AH，2
        INT 21H
        JMP START
CHARUP：CMP AL，41H
        JB NEXT
        CMP AL，5AH
        JA CHRDN
DISPC：MOV DL，'C'
        MOV AH，2
        INT 21H
NEXT：JMP START
CHRDN：CMP AL，61H
        JB NEXT
        CMP AL，7AH
        JA NEXT
        JMP DISPC
DONE：MOV AH，4CH
        INT 21H
CODE    ENDS
        END START
```

实验视频

```
；CH5EX3.ASM
  DATA  SEGMENT
  ARRAY  DB  1，-4，90，115，78，0，-98，-37，-68，0
```

实验视频

```
COUNT  EQU  $-ARRAY
    RESULT  DB  ?
DATA  ENDS
STACK  SEGMENT  PARA 'STACK'
  DB  100 DUP (0)
STACK  ENDS
CODE  SEGMENT
  ASSUME    CS：CODE，SS：STACK，DS：DATA
    START：
  MOV  AX，DATA
  MOV  DS，AX
  LEA  SI，ARRAY
  MOV  DL，0
  MOV  CL，COUNT
LOP1：
  MOV  AL，[SI]
  CMP  AL，0
  JL  LOP2
  INC  DL
LOP2：
  INC  SI
  DEC  CL
  JNZ  LOP1
  MOV  RESULT，DL
  MOV  AH，4CH
  INT  21H
  CODE  ENDS
  END  START
```

实验十三　循环程序设计（设计性实验）

一、实验要求和目的

1. 了解汇编语言循环程序设计的基本流程。
2. 熟悉汇编语言循环基本指令的使用方法。
3. 掌握利用汇编语言的循环指令完成循环程序设计方法。

二、软、硬件环境

汇编语言程序设计的实验环境如下。

1. 硬件环境

微型计算机（Intel x86 系列 CPU）一台。

2. 软件环境

（1）WindowsXP/Vista/7 等 32 位操作系统。

（2）任意一种文本编辑器［EDIT、NOTEPAD（记事本）、UltraEDIT 等］。

（3）汇编程序（MASM. EXE 或 TASM. EXE）。

（4）连接程序（LINK. EXE 或 TLINK. EXE）。

（5）调试程序（DEBUG. EXE 或 TD. EXE）。

（6）文本编辑器建议使用 EDIT 或 NOTEPAD，汇编程序建议使用 MASM. EXE，连接程序建议使用 LINK. EXE，调试程序建议使用 EDIT. EXE。

三、实验涉及的主要知识单元

熟练使用循环指令和跳转等指令来实现循环，理解循环体结构中的初始化部分、循环体、结束部分。能结合前面分支结构相关的知识点，完成对循环结构的理解和掌握。

熟悉循环结构中地址指针（BX/SI/DI/BP）的设置，循环控制变量或计数器（CX）的初始化，以及数据寄存器（AX/DX）初始化设置等。

1. 循环程序的基本结构

（1）初始化部分。建立循环初始值，为循环做准备，如设置地址指针（BX/SI/DI/BP），初始化循环控制变量或计数器（CX），数据寄存器（AX/DX）初值等。

（2）循环体。循环体是循环程序的主体，是程序中重复执行的程序段。它是由循环工作部分、修改部分和循环控制部分组成。

1）循环工作部分：完成程序功能的主要程序段，用于执行程序的实际任务。

2）修改部分：对循环参数进行修改，并为下一次循环做准备。

3）循环控制部分：判断循环结束条件是否满足。通常判断循环结束方法：①用计数控制循环，循环是否进行了预定的次数；②用条件控制循环，循环终止条件是否满足。

（3）结束处理部分。主要是对循环的结果进行处理。

2. 循环控制指令

循环控制指令见表 5-4。

表 5-4　　循环控制指令

指令格式	执行操作	循环结束条件
LOOP 标号	CX=CX−1；若 CX=0，则循环	CX=0
LOOPNZ/LOOPNE 标号	CX=CX−1；若 CX=0 且 ZF=0，则循环	CX=0 或 ZF=0
LOOPZ/LOOPE 标号	CX=CX−1；若 CX=0 且 ZF=1，则循环	CX=0 或 ZF=1
JCXZ 标号	仅测试（CX）=0，若是，则转移到目标地址，否则就顺序执行	

3. 循环控制分类

循环控制可以分为计数循环和条件循环。

作为计数循环，一般是指循环次数是已知的情况，在程序设计循环时，应先将循环次数送入计数器 CX 中进行计数，在循环体中使用 LOOP 等循环指令。

当然，也可通过其他方式来进行，如 cx←cx−1，jnz 等结合实现，此方式可以成为条件循环。

4. 循环程序设计示例

设 VARY 中有一组 8 位的符号数，编程统计其中正数、负数、零的个数，分别存在

VM、VN、VK 变量中。

分析：设定此数组的元素均为字节数据，则数组 VARY 中的数据个数用 CNT　EQU　$-VARY 求出，则循环次数为 CNT 次。在程序中，要将 CNT 的值送入 CX 中。将数组 VARY 中元素挨个与 0 比较，利用状态标志寄存器中的 ZF 位求出零的个数，利用 SF 位求出正、负数的个数。

具体程序设计如下。

```
STACK SEGMENTPARA 'STACK'
  DW  20H  DUP (0)
STACK ENDS
DATA SEGMENT
  VARY  DB 23H, 78H, 56H, 0ABH, 00H, 0CDH, 59H, 14H, 98H, 0EFH, 00H, 0C0H
CNT EQU $-VARY
VM  DB ?
VN  DB ?
VK  DB ?
DATA  ENDS
CODE SEGMENT
ASSUME CS: CODE, DS: DATA, SS: STACK
START: MOV AX, DATA
MOV DS, AX
MOV BX, 0
MOV DL, 0
LEA SI, VARY
MOV CX, CNT
LOP1: CMP BYTE PTR [SI], 0
JE  ZERO
JS  LOP2
INC  BH
JMP  NEXT
LOP2: INC BL
JMP  NEXT
ZERO: INC  DL
NEXT: INC SI
LOOP  LOP1
MOV  VM, BH
MOV  VN, BL
MOV  VK, DL
MOV  AH, 4CH
INT  21H
CODE  ENDS
END  START
```

四、实验内容与步骤

1. 实验内容

(1) 编写程序，将带有符号的字节数组 ARRAY 中最大数找出来，送到 MAX 单元中（用计数控制循环程序）。

(2) 编写程序，在字符串变量 STRING 中存有一个以 $ 为结尾的 ASCII 码字符串，要求计算字符串的长度，并把它存入 LENGTH 单元中（条件控制循环）。

2. 实验步骤

(1) 预习循环程序设计的方法，根据实验内容，画出流程图。

(2) 利用 EDIT 或其他编辑软件，编写汇编源程序，取名为"CH5EX4. ASM"和"CH5EX5. ASM"。

(3) 汇编、连接该源程序，产生"CH5EX4. EXE"和"CH5EX5. EXE"文件。

(4) 对"CH5EX4. EXE"和"CH5EX5. EXE"文件进行调试运行：利用 DEBUG 的 T 命令或 G 命令和 D 命令查看数据区，看结果是否正确。

五、实验要求与提示

1. 实验要求

(1) 画出各程序流程图。

(2) 列出程序清单，加上适量注释。

(3) 回答思考问题。

(4) 记录实验结果。

2. 实验提示

(1) 计算字符串长度中字符串应以 $ 结尾。

(2) 要用计数控制，则应知道循环次数，用 CNT EQU $-ARRAY 来进行；若数据类型是字，则循环次数还应除以 2。

六、思考与练习及测评标准

1. 在上述实验（1）的基础上，要求修改程序，增加在此数组中找出最大值放入 MAX 中的同时，找出最小值放入 MIN 中。

2. $ 符号在字符串里的作用是什么？

七、参考程序

实验视频

```
；CH5EX4. ASM
DATA   SEGMENT
  ARRAY  DB  55, 15, 10, 36, －6, 72, 125, －64
  COUNT  EQU  $-ARRAY
  MAX  DB  ?
  DATA  ENDS
  CODE  SEGMENT
  ASSUME  CS: CODE, DA: DATA
  MAIN  PROC      FAR
    PUSH      DS
    XOR  AX, AX
    PUSH      AX
```

```
MOV   AX, DATA
MOV   DS, AX
START: MOV   CX, COUNT-1
MOV   BX, OFFSET ARRAY
MOV   AL, [BX]
LOP:
INC   BX
CMP   AL, [BX]
JGE   NEXT
MOV   AL, [BX]
NEXT:
LOOP        LOP
MOV   MAX, AL
RET
MAIN   ENDP
CODE   ENDS
END   START
```

实验视频

```
; CH5EX5.ASM
DATA   SEGMENT
  STRING   DB   'I AM A STUDENT $'
  LENGTHSTR   DW   ?
  DATA   ENDS
  CODE   SEGMENT
  ASSUME      CS: CODE, DS: DATA
  MAIN   PROC        FAR
    PUSH        DS
    XOR   AX, AX
    PUSH        AX
    MOV   AX, DATA
    MOV   DS, AX
    START:
    LEA   SI STRING
    MOV   CX, 0
    MOV   AL, '$'
    LOP:
    CMP   AL, [SI]
    JZ   QUIT
    INC   CX
    INC   SI
    JMP   LOP
  QUIT:
```

```
MOV  LENGTHSTR, CX
RET
MAIN  ENDP
CODE  ENDS
END  START
```

实验十四　子程序设计（设计性实验）

一、实验目的

1. 熟悉汇编语言程序设计结构。

2. 熟悉汇编语言子程序设计方法。

3. 熟悉利用汇编语言子程序参数传递方法。

二、软、硬件环境

汇编语言程序设计的实验环境如下。

1. 硬件环境

微型计算机（Intel x86 系列 CPU）一台。

2. 软件环境

（1）WindowsXP/Vista/7 等 32 位操作系统。

（2）任意一种文本编辑器［EDIT、NOTEPAD（记事本）、UltraEDIT 等］。

（3）汇编程序（MASM. EXE 或 TASM. EXE）。

（4）连接程序（LINK. EXE 或 TLINK. EXE）。

（5）调试程序（DEBUG. EXE 或 TD. EXE）。

（6）文本编辑器建议使用 EDIT 或 NOTEPAD，汇编程序建议使用 MASM. EXE，连接程序建议使用 LINK. EXE，调试程序建议使用 EDIT. EXE。

三、实验涉及的主要知识单元

在实际应用中，经常根据遇到使用汇编语言子程序来实现，其中还涉及参数传递方法。可以应用寄存器、堆栈、变量来进行，调用子程序的入口参数和调用子程序后的出口参数。

1. 子程序的定义语句

```
过程名  PROC  [near/far]
过程体
RET
过程名  ENDP
```

其中过程名的命名方法与变量名相同，同一源程序中不能有相同的过程名。PROC 为过程定义开始的伪指令，ENDP 为过程定义结束伪指令，且 PROC-ENDP 必须配对使用。配对的 PROC-ENDP 前面的过程名应相同。NEAR/FAR 定义了过程的属性，前者表示所定义的过程只能被相同代码段的程序调用，称为段内调用；而后者所表示的过程只能被不同代码段的程序调用，称为段间远调用。

2. 子程序结构形式

一个完整的子程序一般应包含下列内容。

（1）子程序的说明部分。在设计了程序时，要建立子程序的文档说明，使用户能清楚此子程序的功能和调用方法，说明时，应含如下内容。

1）子程序名：命名时要见名中意。

2）子程序的功能：说明子程序完成的任务。

3）子程序入口参数：说明子程序运行所需参数及存放位置。

4）子程序出口参数：说明子程序运行结果的参数及存放位置。

5）子程序所占用的寄存器和工作单元。

（2）掌握子程序的调用与返回。在汇编语言中，子程序的调用用 CALL，返回用 RET 指令来完成。当发生 CALL 过程调用时，返回地址入栈；而运行 RET 指令时，则由栈顶取出返回地址。

CALL 指令执行分两步走。第一步，保护返回地址，利用堆栈实现，即将返回的地址压入堆栈；第二步，转向子程序，即把子程序的首地址送入 IP 或 CS：IP。

RET 指令功能是返回主程序，即把子程序的返回地址送入 IP 或 CS：IP。

段内调用与返回：调用子程序指令与子程序同在一个段内，因此只修改 IP。

段间调用与返回：调用子程序与子程序分别在不同的段，因此在返回时，需同时修改 CS：IP。

3. 子程序的现场保护与恢复

保护现场：在子程序设计时，CPU 内部寄存器内容的保护和恢复，在运行主程序时已经占用了一定数量的寄存器，子程序执行时也要使用寄存器。子程序执行完返回主程序后，要保证主程序按原来状态执行，这就需要对那些在主程序和子程序中都要使用寄存器的内容在子程序体执行之前加以保护，这就是保护现场。

恢复现场：子程序执行完后再恢复这些主程序中寄存器的内容，称为恢复现场。

一般利用堆栈实现现场保护和恢复的格式。

```
SUB  PROC  NEAR
  PUSH  AX     ;
  PUSH  BX     ；保护现场
  PUSH  CX     ;
  PUSH  DX     ;
  …            ；子程序处理
  POP  DX      ;
  POP  CX      ；恢复现场
  POP  BX      ;
  POP  AX      ;
  RET
  SUB  ENDP
```

4. 子程序的参数传递方法

（1）寄存器传递参数。这种方式是最基本的参数传递方式。即主程序调用子程序前，将入口参数送到约定的寄存器中。子程序可以直接从这些寄存器中取出参数进行加工处理，并将结果也放在约定的寄存器中，然后返回主程序，主程序再从寄存器中取出结果。

（2）存储器单元传（变量）递参数。这种方法是在主程序调用子程序前，将入口参数存放到约定的存储单元中；子程序运行时到约定存储位置读取参数；子程序执行结束后将结果也放在约定存储单元中。

（3）用堆栈传递参数。利用共享堆栈区，来传递参数是重要的方法之一。主程序将子程序的入口参数压入堆栈，子程序从堆栈中依次取出这些参数；经过子程序处理后，子程序将出口参数压入堆栈，返回主程序后再通过出栈获取它们。

如编写一程序，将 3 个 8 位有符号数中的最大值存入 MAX 单元中。

分析：编制一个求两个数中最大值的过程，然后对其进行调用；由于程序中的数是符号数，所以，比较后的转移指令应该采用 JL 或 JG。

```
DATA SEGMENT
    A DB 0F1H
    B DB 12H
    C DB 7FH
  MAX DB ？
DATA ENDS
STACK SEGMENTPARA ‘STACK’
STAPN DW 20 DUP（?）
TOP   EQU LENGTH STAPN
STACK ENDS
CODE SEGMENT
  ASSUME CS：CODE，DS：DATA，SS：STACK
MAIN PROC FAR
  START：PUSH DS
    MOV AX，0
    PUSH AX
    MOV AX，DATA
    MOV DS，AX
    MOV AX，STACK
    MOV SS，AX
    MOV SP，TOP
    MOV AH，A
    MOV AL，B
    CALL MAXF
    MOV AL，C
CALL MAXF
    MOV MAX，AH
RET
MAIN ENDP
；子程序名为 MAXF。功能：求两个数中的较大者
；入口参数：AH，AL＝2 个有符号数
；出口参数：较大者在 AH 中，较小者在 AL 中
MAXF PROC NEAR
```

```
CMP AH, AL
JG NEXT
XCHG AH, AL
NEXT: RET
MAXF ENDP
CODE ENDS
END START
```

四、实验内容与步骤

1. 实验内容

（1）将 BUF 开始的 10 个单元中的二进制数转换成两位十六进制数的 ASCII 码，在屏幕上显示出来。要求码型转换通过子程序 HEXAC 实现，在转换过程中，通过子程序 DISP 实现显示。

（2）编写一个主程序，从键盘接收若干个字符，然后用远调用的方法，调用子程序统计字符串中字符“b”的个数。子程序的参数是字符串的首地址 TABLE，字符串长度 *N* 及字符“b”。子程序返回字符“b”的个数。参数传送采用堆栈实现。主程序在子程序返回后，显示字符“b”及其个数（设为一位十六进制数）。

2. 实验步骤

（1）预习子程序设计的方法，根据实验内容，画出流程图。

（2）利用 EDIT 或其他编辑软件，编写汇编源程序，取名为“CH5EX6. ASM”和“CH5EX7. ASM”。

（3）汇编、连接该源程序，产生“CH5EX6. EXE”和“CH5EX7. EXE”文件。

（4）对“CH5EX6. EXE”和“CH5EX7. EXE”文件进行调试运行：用 DEBUG 的 R 命令，T 命令或 G 命令和 D 命令检查远程调用及近程调用时堆栈的变化。特别是通过堆栈传送的参数和子程序取出的参数是返回参数的详细过程。

五、实验要求与提示

1. 实验要求

（1）画出各程序流程图。

（2）列出程序清单，加上适量注释。

（3）回答思考问题。

（4）记录实验结果。

2. 实验提示

（1）第一个实验程序用子程序的近程调用实现。由于在调用 HEXASC 子程序时，子程序又调用了 DISP 子程序，这叫子程序的嵌套调用。实验过程中可从堆栈的内容看到两个子程序的返回地址值。由于是近调用，地址值只包括返回地址的段内偏移量。在每个子程序的执行中，检查 CS 值是不变的。

（2）第二个程序是利用远调用的方法调用子程序的。在远调用情况下，主程序与子程序处在不同的逻辑代码段中，可在子程序执行中查看 CS 值，它与主程序中的 CS 值是不同的。子程序调用后，堆栈中保留了返回地址的段地址及段内偏移量。

（3）第二个程序中，主程序与子程序之间参数的传送是由堆栈实现的。一段是将参数

（此处是串首址 TABLE，串的长度 N 及待统计的字符“b”）顺序压入堆栈，在子程序调用后，通过 BP 指针对堆栈中的参数访问，并将统计的结果通过堆栈返回。

（4）参考程序中某些程序有错误，请认真检查，并在实验报告中指出。

六、思考与练习及测评标准

1. 分析远程调用与近程调用的区别，在用 DEBUG 有关命令观察时，执行过程的不同。
2. 说明用堆栈传送参数的过程及其具体方法。
3. 分析实验结果及所遇到的问题，并说明解决的方法。

七、参考程序

实验视频

```
; CH5EX6. ASM
DATA   SEGMENT
BUF   DB 0ABH, 0CDH, 0DEH, 01H, 02H, 03H
DB 3AH, 4BH, 5CH, 6FH
DATA   ENDS
CODE   SEGMENT
       ASSUME CS: CODE, DS: DATA
START:MOV AX, DATA
       MOV DS, AX
       MOV CX, 10
       LEA   BX, BUF
AGAIN:MOV AL, [BX]
       CALL HEXASC
       INC BX
       LOOP AGAIN
       MOV AH, 4CH
       INT 21H
HEXASC PROC NEAR
MOV DL, AL
PUSH   CX
MOV   CL, 4
SHR   DL, CL
POP   CX
CALL   DISP   ；显示高位 HEX 数
MOV   DL, AL
AND   DL, 0FH
CALL   DISP
RET
HEXASC ENDP
DISP     PROC
         CMP   DL, 9
         JBE   NEXT
         ADD   DL, 7
```

```
NEXT:   ADD  DL, 30H
        MOV  AH, 2
        INT  21H  ; 显示
        RET
DISP   ENDP
CODE   ENDS
        END START
```

；统计并显示某键入字符的个数的程序。

实验视频

```
; CH5EX7.ASM
DATA    SEGMENT
CHAR    DB 'b'
BUF     DB 50H,? 50H DUP (?)
DATA    ENDS
MCODE   SEGMENT
        ASSUME CS: MCODE, DS: DATA
START:  MOV    AX, DATA
        MOV    DS, AX
        LEA    DX, BUF
        MOV    AH, 9
        INT    21H
        LEA    SI  BUF
        MOV    CL, [SI+1]
        MOV    CH, 0   ; CX中为字符串长度
        INC    SI
        INC    SI      ; SI指向串首址TABLE
        MOV    AL, CHAR
        MOV    AH, 0      ; AX中为待查字符
        PUSH   SI
        PUSH   CX
PUSH    AX    ; 参数送堆栈
CALL    CHECK
POP     AX    ; 统计个数在AL中
        MOV    DL, CHAR
        MOV    AH, 2
        INT    21H
        MOV    DL, AL
        AND    DL, 0FH
        CMP    DL, 9
        JBE    NEXT
        ADD    DL, 7
NEXT:   ADD    DL, 30H
        MOV    AH, 2
```

```
        INT     21H         ；显示统计个数
        MOV     AH，4CH
        INT     21H
MCODE   ENDS
SCODE   SEGMENT
        ASSUME CS：SCODE
CHECK   PROC  FAR
        PUSH    BP
        MOV     BP，SP
        MOV     SI，[BP+10]
        MOV     CX，[BP+8]
        MOV     AX，[BP+6]
        XOR     AH，AH
AGAIN：  CMP     AL，[SI]
        JNE     NEXT1
        INC     AH
NEXT1：  INC     SI
        LOOP    AGAIN
        MOV     AL，AH
        MOV     [BP+10]，AX
        POP     BP
        RET     4
CHECK   ENDP
        END  START
```

第六章　综合程序设计实验

本章主要进行综合程序设计实验，涉及的知识点包括：

1. DOS系统功能调用和BIOS中断调用

微机系统为汇编用户提供了两个程序接口，一个是DOS系统功能调用，另一个是ROM中的BIOS（Basic Input/Output System）。系统功能调用和BIOS由一系列的服务子程序构成，调用与返回通过软中断指令INTn和中断返回指令IRET。这些子程序对程序员来讲都可以看成是中断处理程序，它们的入口地址都存在中断矢量表中。

2. 中断处理程序分类

8086 CPU可处理256类中断，利用INT n指令，可直接调用256个系统已编写好的中断处理程序（有些中断为保留中断，暂时无中断服务程序）。指令中n为中断类型号，每类中断有一个入口地址（中断向量），包含CS和IP，共4个字节。每个类型号指向一个中断向量，中断向量表用来存放中断服务程序的入口地址，将中断类型号n乘以4就能找到规定类型的中断向量，规定IP在前，CS在后。因此存储256个地址，需要占用1KB，它们位于内存00000～003FFH的区域中。

调用软中断的类型号n=00～FFH；n=00～04H为专用中断，分别处理除法错、单步、不可屏蔽中断NMI、断点和溢出中断；n=10H～1AH及2FH、31H、33H为BIOS中断，即保存在系统ROM BIOS中的BIOS功能调用；n=20H～2EH为DOS中断，利用DOS提供的功能程序来控制硬件，可对显示器、键盘、打印机、串行通信等字符设备提供输入/输出服务。例如n=20H为程序结束中断，利用INT 20H中断可以返回DOS操作系统。而n=21H为功能强大的DOS中断，它包含了很多子功能，给每个子功能程序赋一个编号，称为功能号，调用前要送到AH寄存器中。

实验十五　中断实验（综合性实验）

一、实验目的

1. 熟悉中断的相关知识。
2. 熟悉MS-DOS中有关程序驻留与设置中断向量的功能调用。
3. 掌握中断处理程序的设计方法。

二、软、硬件环境

汇编语言程序设计的实验环境如下。

1. 硬件环境

微型计算机（Intel x86系列CPU）一台。

2. 软件环境

(1) WindowsXP/Vista/7 等 32 位操作系统。

(2) 任意一种文本编辑器 [EDIT、NOTEPAD (记事本)、UltraEDIT 等]。

(3) 汇编程序 (MASM. EXE 或 TASM. EXE)。

(4) 连接程序 (LINK. EXE 或 TLINK. EXE)。

(5) 调试程序 (DEBUG. EXE 或 TD. EXE)。

(6) 文本编辑器建议使用 EDIT 或 NOTEPAD，汇编程序建议使用 MASM. EXE，连接程序建议使用 LINK. EXE，调试程序建议使用 EDIT. EXE。

三、实验涉及的主要知识单元

1. 中断服务程序结构

(1) 设置中断向量。

(2) 中断服务程序驻留。

(3) 中断处理。

(4) 主程序。

2. 中断服务程序编写示例

编写一个中断服务程序及相应的主程序，当 INT 31H 发生时模拟中断的全过程，在中断服务程序中给出相应的提示。

```
DATA    SEGMENT
MS1     DB 'INTERRUPT SERVER PROGRAM '
        DB 'HANDLER INSTALLED!  $'
DATA    ENDS
STACK1  SEGMENT STACK
        DW 20H DUP (?)
STACK1  ENDS
CODE    SEGMENT
        ASSUME CS: CODE, DS: DATA, SS: STACK1
START:  MOV AX, CS
        MOV DS, AX      ; 中断服务程序入口地址段基址
        LEA DX, DIVZER      ; 中断服务程序入口地址段内偏移量
        MOV AX, 2531H
        INT 21H     ; 在中断向量表中设置中断服务程序入口地址 (用 DEBUG 看)
        MOV AX, DATA
        MOV DS, AX
        MOV DX, OFFSET MS1
        MOV AH, 9
        INT 21H     ; 显示中断服务程序已经安装
        MOV DX, 21H     ; PSP + 数据段 + 堆栈段 + 代码段
                        ; (100H + 30H + 40H + 97H) 字节
        MOV AX, 3103H
        INT 21H     ; 安装中断服务程序
```

```
MS2     DB 'HAS WENT TO INTERRUPT SERVER PROGRAM'
        DB 0DH, 0AH, 'CONTINUE OR QUIT (C/Q)? $'
DIVZER  PROC FAR      ；中断服务程序
        STI     ；CPU 开中断
        PUSH AX
        PUSH BX
        PUSH CX
        PUSH DX
        PUSH SI
        PUSH DI
        PUSH BP
        PUSH DS
        PUSH ES      ；保护现场
        MOV AX, CS
        MOV DS, AX      ；设置 DS
        MOV DX, OFFSET MS2
        MOV AH, 9
        INT 21H      ；显示提示信息，表示已转中断服务程序
NEXT:   MOV AH, 8
        INT 21H      ；无回显输入字符，以选择方向
        CMP AL, 'C'
        JE CONTIN
        CMP AL, 'C'
        JE CONTIN
        CMP AL, 'Q'
        JE EXIT
        CMP AL, 'Q'
        JE EXIT
        JMP NEXT
EXIT:   MOV AH, 4CH
        INT 21H      ；输入“Q”或“Q”返回 DOS
CONTIN: POP ES
        POP DS
        POP BP
        POP DI
        POP SI
        POP DX
        POP CX
        POP BX
        POP AX      ；恢复现场
        IRET      ；输入“C”或“C”中断返回继续原程序
DIVZER  ENDP
```

```
CODE    ENDS
        END START
```

用于验证上述中断服务程序的主程序：

```
CODE    SEGMENT
        ASSUME CS：CODE
START：  INT 31H     ；发生 31H 号中断，转中断服务程序
        MOV AH，2    ；中断返回后要执行的程序
        MOV DL，0AH
        INT 21H     ；换行
        MOV DL，0DH
        INT 21H     ；回车
        MOV DL，'Y'
        INT 21H     ；显示“Y”，表示中断已返回
        MOV AH，4CH
        INT 21H
CODE    ENDS
        END START
```

四、实验内容与步骤

1. 实验内容

（1）编写主程序程序，从键盘输入一个字符串。

（2）编写中断服务程序，当 INT 33H 发生时，将输入字符串中的所有小定字符转换为大定字符，并显示该字符串，然后返回主程序。

2. 实验步骤

（1）预习中断、MS-DOS 功能调用的相关知识，根据实验内容，画出流程图。

（2）利用 EDIT 或其他编辑软件，编写汇编源程序，取名为“CH6EX1. ASM（主程序）”“CH6EX2. ASM（中断服务程序）”。

（3）汇编、连接该源程序，产生“CH6EX1. EXE”“CH6EX2. EXE”。

（4）运行“CH6EX2. EXE”驻留中断服务程序，利用 DEBUG 查看内存 0000：00CCH 双字单元内容（中断程序入口地址）。

（5）用 U 命令从中断服务程序入口地址开始验证是否是中断服务程序。

（6）运行 CH6EX1. ASM，查看结果是否正确。

五、实验要求与提示

（1）画出各程序流程图。

（2）列出程序清单，加上适量注释。

（3）回答思考问题。

（4）记录实验结果。

六、思考与练习及测评标准

1. 中断向量表位于内存的什么位置，其作用是什么？

2. 中断服务程序入口地址在中断向量表中的位置与中断类型码有何关系？

3. 中断发生之后 CPU 自动完成哪些工作？

实验十六　学生成绩管理系统设计实验（综合性实验）

一、实验目的

1. 熟悉汇编语言程序结构。
2. 熟悉 INT 21H 的文件操作功能调用。
3. 熟悉 INT 21H 的 1、9 号功能和 INT 10H 常用功能的使用方法。
4. 掌握多模块程序设计方法。

二、软、硬件环境

汇编语言程序设计的实验环境如下。

1. 硬件环境

微型计算机（Intel x86 系列 CPU）一台。

2. 软件环境

（1）WindowsXP/Vista/7 等 32 位操作系统。

（2）任意一种文本编辑器［EDIT、NOTEPAD（记事本）、UltraEDIT 等］。

（3）汇编程序（MASM. EXE 或 TASM. EXE）。

（4）连接程序（LINK. EXE 或 TLINK. EXE）。

（5）调试程序（DEBUG. EXE 或 TD. EXE）。

（6）文本编辑器建议使用 EDIT 或 NOTEPAD，汇编程序建议使用 MASM. EXE，连接程序建议使用 LINK. EXE，调试程序建议使用 EDIT. EXE。

三、实验涉及的主要知识单元

对于一个复杂的程序，往往是分成若干个模块设计的，然后用 LINK 将它们连接成一个完整的程序。这些模块之间是相互联系的，如变量、标号、符号的相互引用等，为了引用，必须先对它们进行说明。

一个变量、标号、符号，如果未作说明，则它们是局部标识符，只能供本模块使用，只有将它们说明成全局标识符之后，才能为其他模块所使用。

1. 全局标识符说明伪指令 PUBLIC

（1）格式。

PUBLIC 标识符 1，标识符 2，……，标识符 *n*

（2）功能。

将其后的标识符说明为全局标识符，以便在其他模块中引用。该指令可出现在源程序的任意位置上。

2. 全局标识符引用说明伪指令 EXTRN

（1）格式。

EXTRN 标识符 1：类型，标识符 2：类型，……，标识符 *n*：类型

其中类型如下。

1）变量名：BYTE、WORD、DWORD。

2）标号或过程名：FAR、NEAR。

3）符号名：ABS。

（2）功能。

对本模块将要引用的其他模块的标识符进行说明，否则不能引用。

四、实验内容与步骤

1. 实验内容

设计一个学生成绩管理系统，要求完成文件建立、学生成绩录入、显示指定学号的学生记录、删除一个学生的记录、修改学生记录、返回等工作。学生成绩包括学号（XH）、姓名（XM）、数学（SX）、语文（YW）、外语（WY）字段。

2. 实验步骤

（1）编写主程序 main. asm，实现如图 6-1 所示菜单，汇编产生目标程序 main. obj。

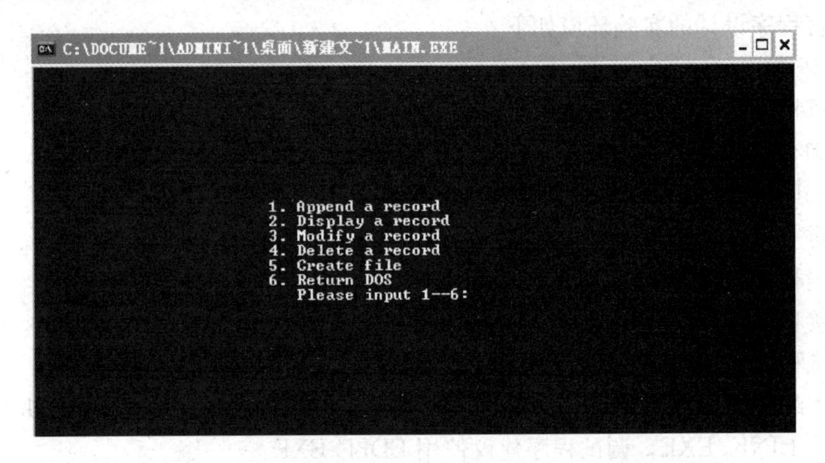

图 6-1 生成菜单选项

（2）编写文件创建程序 create. asm，实现在指定盘指定文件夹下建立一个指定名称的文件，汇编产生目标程序 create. obj，界面如图 6-2 所示。

图 6-2 生成 Create. obj 目标程序

（3）编写成绩录入程序 append. asm，实现在指定文件尾部插入一个学生的成绩，汇编产生目标程序 append. obj，界面如图 6-3 所示。

（4）编写显示程序 display. asm，实现按指定学号显示一个学生的记录，汇编产生目标程序 display. obj，界面如图 6-4 所示。

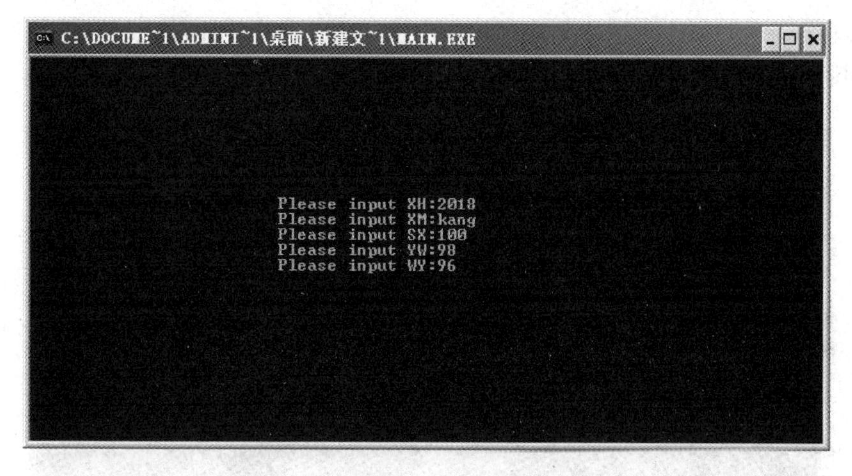

图 6-3　生成 apperd. obj 目标程序

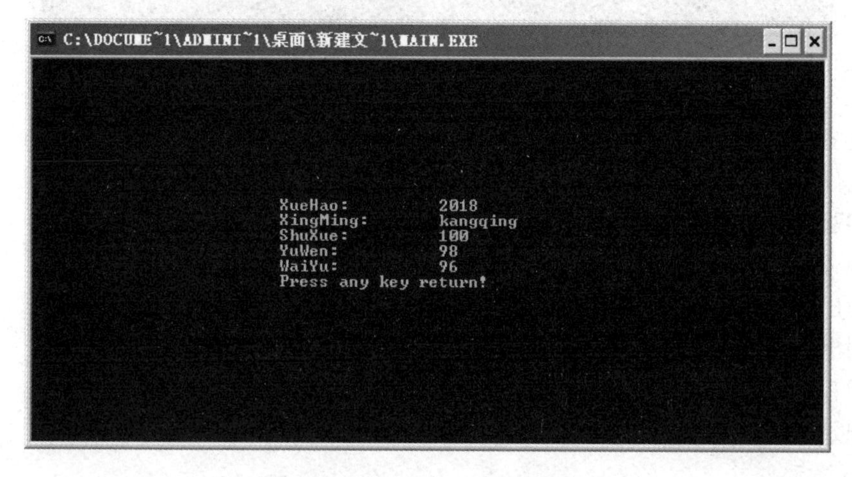

图 6-4　生成 display. obj 目标程序

（5）编写修改程序 modify. asm，实现按指定学号修改一个学生的记录字段（不需修改直接回车），汇编产生目标程序 modify. obj，界面如图 6-5 所示。

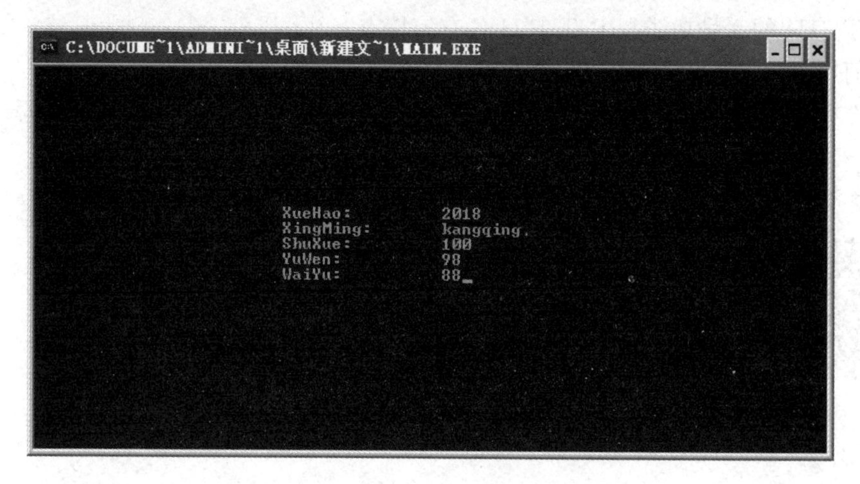

图 6-5　生成 modify. obj 目标程序

（6）编写删除程序 delete. asm，实现按指定学号删除一个学生的记录，汇编产生目标程序 delete. obj，界面如图 6-6 所示。

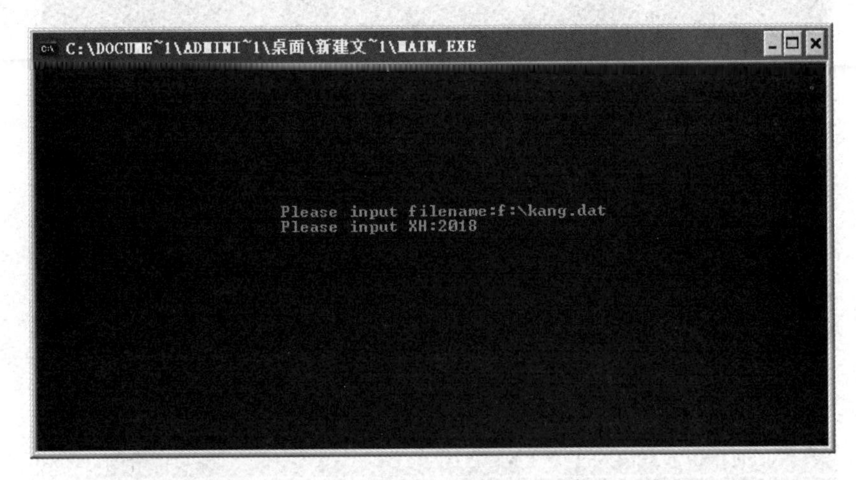

图 6-6　生成 delete. obj 目标程序

（7）连接 main. obj、create. obj、append. obj、display. obj、modify. obj、delete. obj 产生可执行文件 main. exe。

五、实验要求与提示

1. 实验要求

（1）画出各程序流程图。

（2）列出程序清单，加上适量注释。

（3）回答思考问题。

（4）记录实验结果。

2. 实验提示

（1）用 INT 21H 的 1 号功能输入字符串时可用回车键作为输入结束标志。

（2）创建文件时可以班为单位进行，可以指定文件名的盘符、路径等。

六、思考与练习及测评标准

1. INT 21H 的 9 号功能与 INT 10H 各有何特点？

2. 如何用 INT 10H 实现清屏的功能？

3. 文件在使用之前为何要打开？使用后为何要关闭？怎样计算文件的长度和移动文件的读写指针？

七、参考程序

第三篇　微机原理及应用部分

第七章　微机原理接口技术实验

知识提要

本章是为 DVCC-8086JHN 微机原理及接口实验系统编写的详细实验指导书，DVCC-8086JHN 实验系统上提供的全套实验是为微机原理、微机接口应用、计算机控制技术等课程配置的，书中详细叙述了各实验的实验目的、实验原理、实验内容、实验原理图和软件框图、软件清单及实验步骤。减轻和免除了主讲教师和实验指导老师为设计、准备、调试实验线路和实验程序所需的工作量，节约了宝贵的时间，提高了教学效率。

本指导书上所有软、硬件都已经过调试运行，需特别说明的四点是：

（1）下面各个实验的实验步骤是按联机方式进行的，运行的实验程序经软件安装后源程序（.ASM）在 8HASM 子目录中，可执行文件（.EXE）在 8HEXE 子目录中。

（2）实验原理图上的粗实线，表示用户在实验时要用导线连接起来。

（3）所有实验都是相互独立的，次序上也没有固定的先后关系，在使用本系统进行教学时，教师可根据本校（院）的教学要求，选择相应的实验。

（4）第一个实验中联机状态和独立状态下的实验步骤有详细的说明，以后实验的实验步骤比较简单，参照第一个实验即可。

实验十七　8255A 可编程并行接口实验（一）

一、实验目的

1. 掌握并行接口芯片 8255A 和微机接口的连接方法。
2. 掌握并行接口芯片 8255A 的工作方式及其编程方法。

二、软、硬件环境

微机原理接口技术实验的实验环境如下。

1. 硬件环境

微型计算机（Intel x86 系列 CPU）一台。

DVCC-8086JHN 实验平台。

2. 软件环境

（1）WindowsXP/Vista/7 等 32 位操作系统。

（2）DVCC-8086JHN 实验系统。

三、实验涉及的主要知识单元

1. 8255A 结构

8255A 是可编程并行接口芯片，双列直插式封装，用+5V 单电源供电，如图 7-1 是 8255A 的逻辑框图，内部有 3 个 8 位 I/O 端口：A 口、B 口、C 口；也可分为各有 12 位的两组：A 和 B 组，A 组包含 A 口 8 位和 C 口的高四位，B 组包含 B 口 8 位和 C 口的低 4 位；A 组控制和 B 组控制用于实现方式选择操作；读写控制逻辑用于控制芯片内寄存器的数据和控制字经数据总线缓冲器送入各组接口寄存器中。由于 8255A 数据总线缓冲器是双向三态 8 位驱动器，因此可直接和 8088 系统数据总线相连。

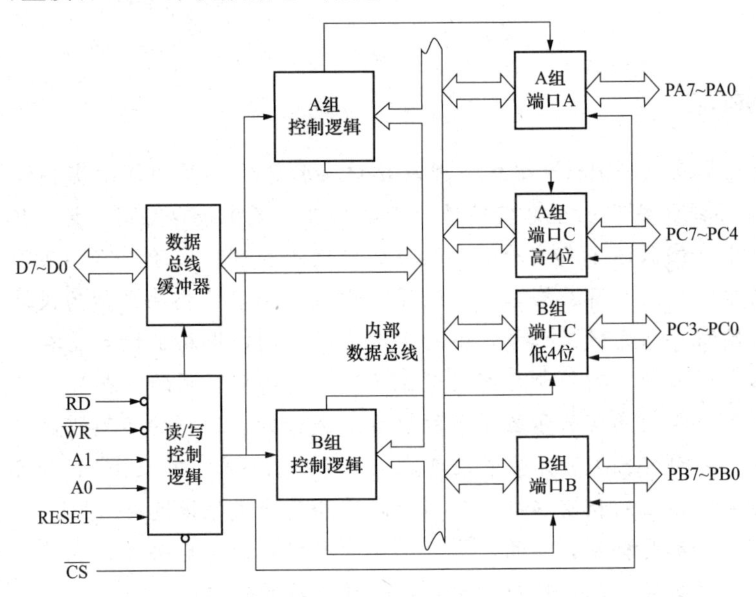

图 7-1 8255A 的逻辑框图

2. 8255A 端口地址（见表 7-1）

表 7-1 **8255A 端口地址**

A1	A0	/RD	/WR	/CS	操作类型	操作方向
0	0	0	1	0	PA→数据总线	输入（读）
0	1	0	1	0	PB→数据总线	
1	0	0	1	0	PC→数据总线	
0	0	1	0	0	数据总线→PA	输出（写）
0	1	1	0	0	数据总线→PB	
1	0	1	0	0	数据总线→PC	
1	1	1	0	0	数据总线→控制字	
×	×	×	×	1	数据总线三态	断开
1	1	0	1	0	非法状态	
×	×	1	1	0	数据总线三态	

3. 8255A 工作方式

8255A 芯片有三种工作方式：方式 0、方式 1、方式 2。它通过对控制寄存器写入不同的控制字来决定其三种不同的工作方式。

(1) 方式 0：基本输入/输出。该方式下的 A 口 8 位和 B 口 8 位可由输入的控制字决定为输入或输出，C 口分成高 4 位（PC7～PC4）和低 4 位（PC3～PC0）两组，也有控制字决定其输入或输出。需注意的是该方式下，只能将 C 口其中一组的四位全部置为输入或输出。

（2）方式 1：选通输入/输出。该方式又叫单向输入/输出方式，它分为 A、B 两组，A 组由数据口 A 和控制口 C 的高 4 位组成，B 组由数据口 B 和控制口 C 的低 4 位组成。数据口的输入/输出都是锁存的，与方式 0 不同，由控制字来决定它作输入还是输出，C 口的相应位用于寄存数据传送中所需的状态信号和控制信息。

（3）方式 2：双向输入/输出。本方式只有 A 组可以使用，此时 A 口为输入/输出双向口，C 口中的 5 位（PC3～PC7）作为 A 口的控制位。

4. 8255A 控制字

（1）方式选择控制字。8255A 方式选择控制字，如图 7-2 所示。

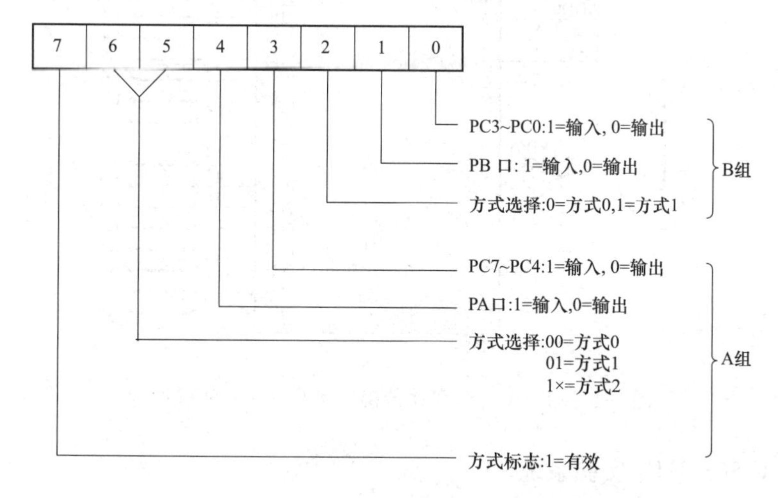

图 7-2　8255A 方式选择控制字

（2）PC 口按位置/复位控制字。8255A PC 口按位置/复位控制字，如图 7-3 所示。

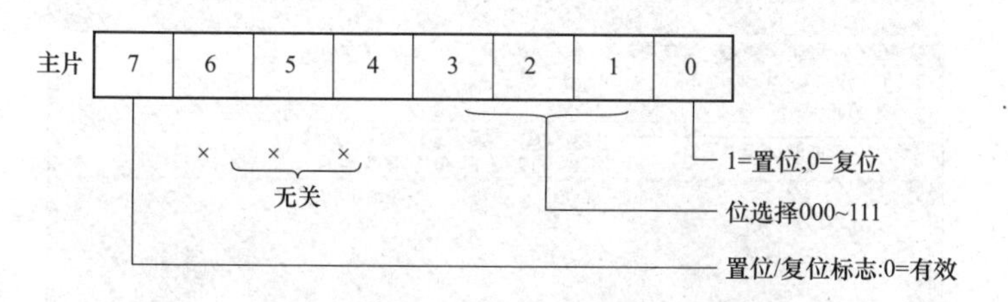

图 7-3　8255A PC 口按位置/复位控制字

四、实验内容与步骤

1. 实验内容

实验原理如图 7-4 所示，PC 口 8 位接 8 个开关 K1～K8，PB 口 8 位接 8 个发光二极管，从 PC 口读入 8 位开关量送 PB 口显示。拨动 K1～K8，PB 口上接的 8 个发光二极管L1～L8 对应显示 K1～K8 的状态。

2. 实验步骤

（1）实验线路连接。

1）8255A 芯片 PC0～PC7 插孔依次接 K1～K8。

2）8255A 芯片 PB0～PB7 插孔依次接 L1～L8。

3）8255A 的 CS 插孔 CS-8255 接译码输出 Y7 插孔。

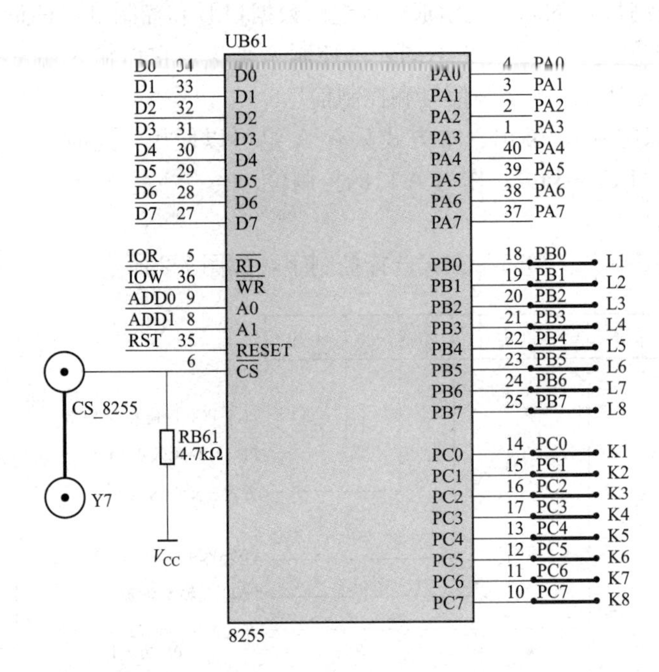

图 7-4　8255A 可编程并行接口实验（一）实验原理

（2）DVCC-8086JHN 实验系统。

1）在桌面或开始菜单→程序，找到 DVCC 实验系统程序，打开 DVCC-8086JHN 实验编译环境，如图 7-5 所示。

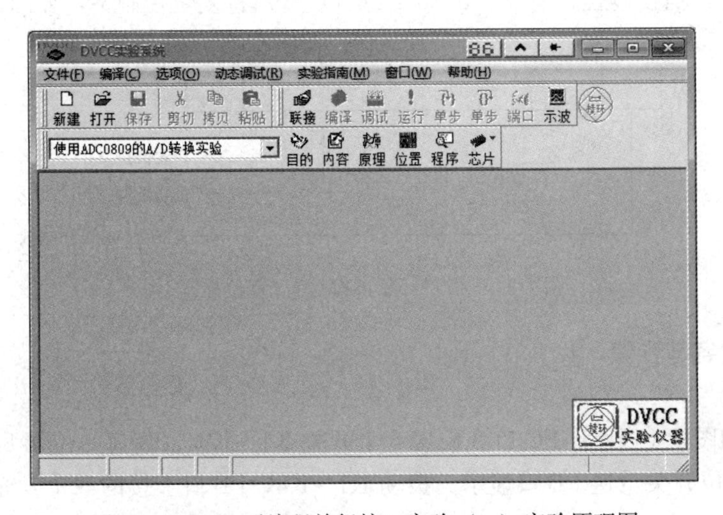

图 7-5　8255A 可编程并行接口实验（一）实验原理图

2）在下拉菜单选择本次要做的实验题目，如图 7-6 所示。

3）然后在工具栏选择程序按钮，在工作区弹出所需要的程序，如图 7-7 所示。

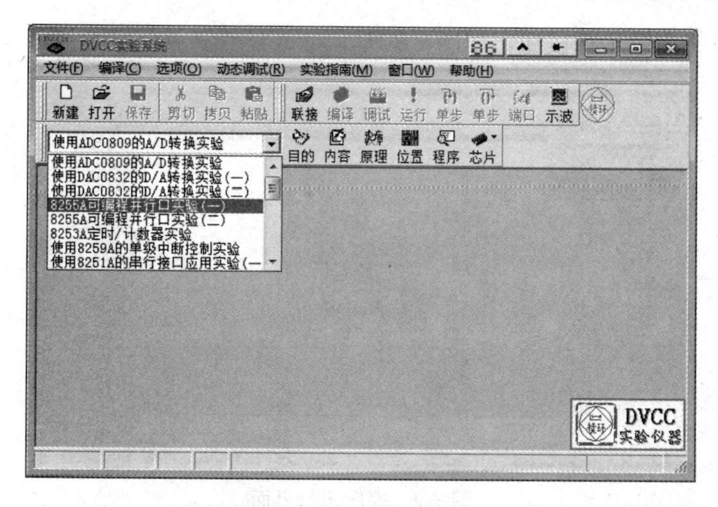

图 7-6　选择实验项目

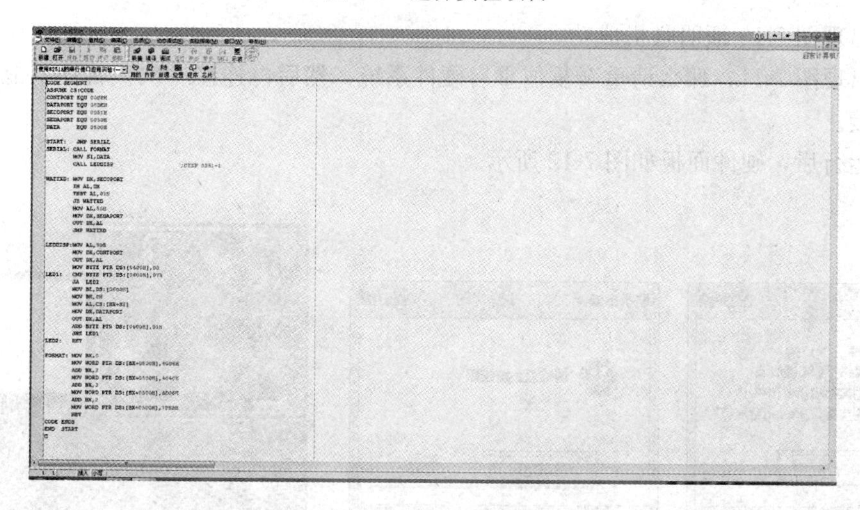

图 7-7　打开源程序

4）菜单栏选择动态调试→编译连接调试选项，如图 7-8 所示。

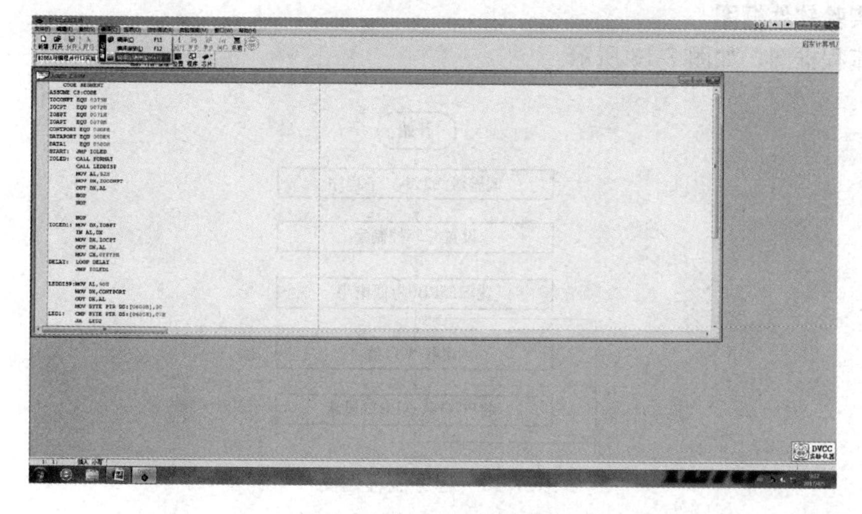

图 7-8　编译连接调试菜单

5）点击工具栏连续运行按钮，如图 7-9 所示。

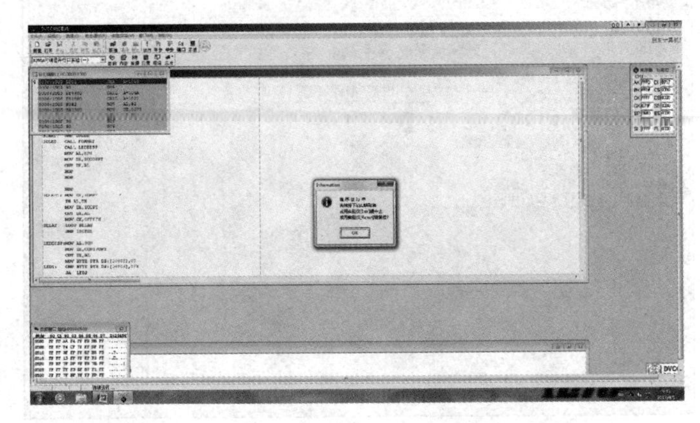

图 7-9　程序运行界面

如果出现图 7-10 证明联机成功。

如果出现图 7-11，那么请重新复位重启硬件系统，然后再连接一次，若还不能成功请检查通信连接。

成功运行后，硬件面板如图 7-12 所示。

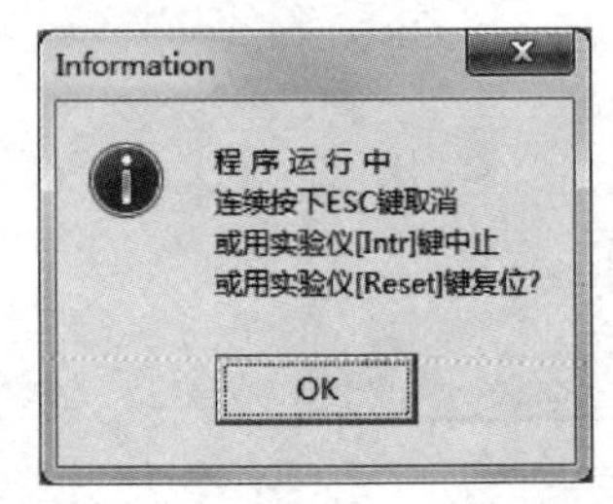

图 7-10　运行弹出对话框

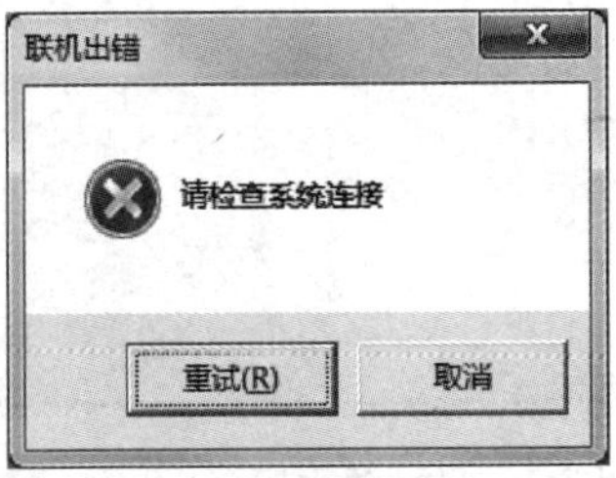

图 7-11　连接失败对话框

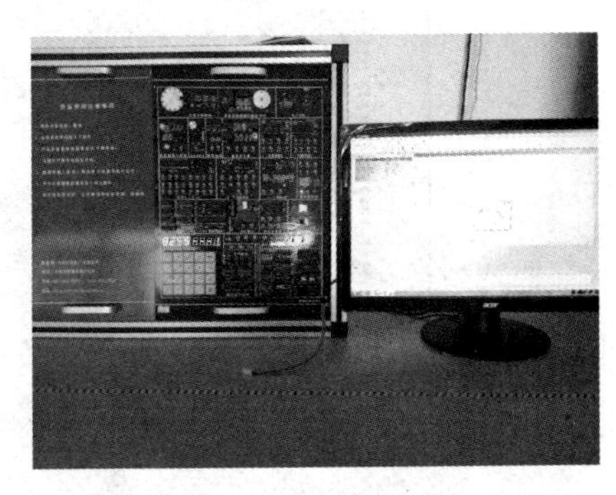

图 7-12　连接成功后硬件面板显示图片

五、实验软件框图

程序流程框图，如图 7-13 所示。

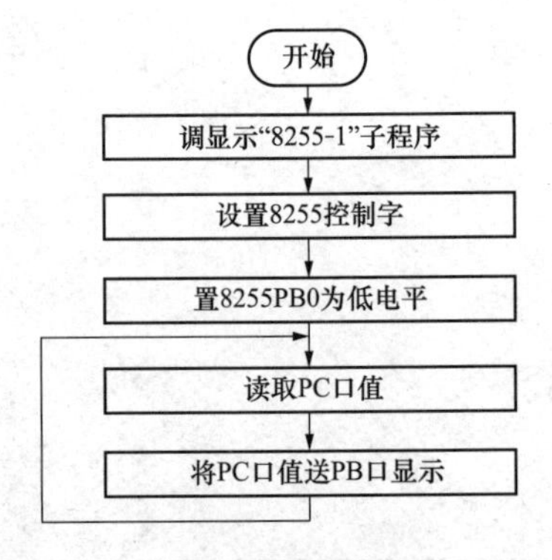

图 7-13　程序流程框图

六、参考程序

七、实验结果

在 DVCC-8086JHN 显示“8255-1”，同时拨动 K1～K8，L1～L8 会跟着亮灭。

实验十八　8255A 可编程并行接口实验（二）

一、实验目的

进一步掌握 8255A 可编程并行接口的使用方法。

二、软、硬件环境

微机原理接口技术实验的实验环境如下。

1. 硬件环境

（1）微型计算机（Intel x86 系列 CPU）一台。

（2）DVCC-8086JHN 实验平台。

2. 软件环境

（1）WindowsXP/Vista/7 等 32 位操作系统。

（2）DVCC-8086JHN 实验系统。

三、实验涉及的主要知识单元

同实验十七。

四、实验内容与步骤

1. 实验内容

实验原理如图 7-14 所示，PB4～PB7 和 PC0～PC7 分别与发光二极管电路 L1～L12 相连，本实验为模拟交通灯实验。交通灯的亮灭规律如下。

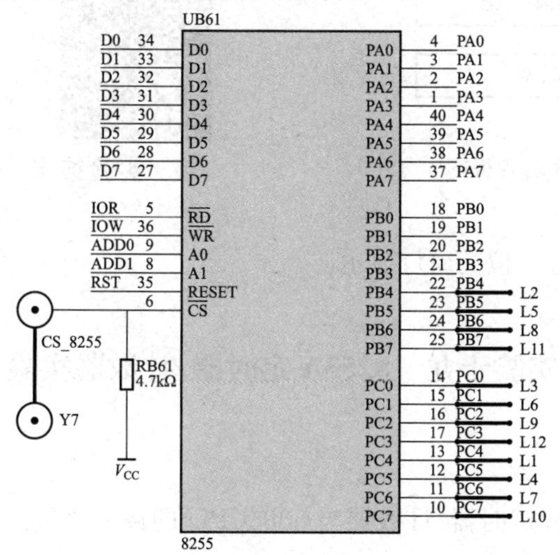

图 7-14　8255A 可编程并行接口实验（二）实验原理

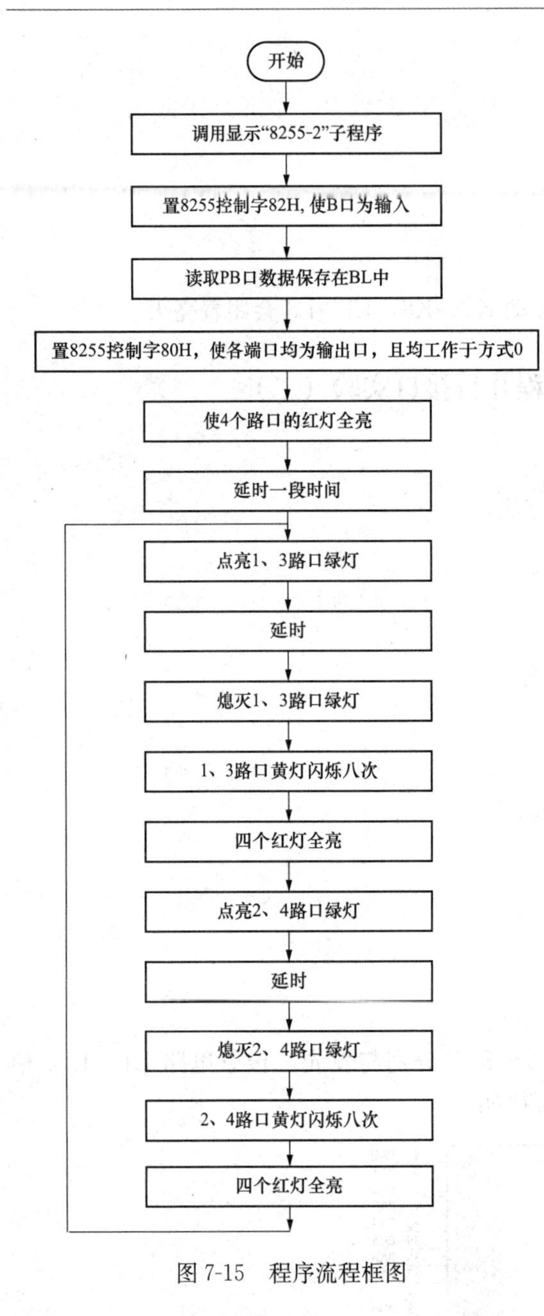

图 7-15 程序流程框图

设有一个十字路口，1、3 为南北方向，2、4 为东西方向，初始为四个路口的红灯全亮，之后，1、3 路口的绿灯亮，2、4 路口的红灯亮，1、3 路口方向通车；延时一段时间后，1、3 路口的绿灯熄灭，而 1、3 路口的黄灯开始闪烁，闪烁若干次以后，1、3 路口红灯亮，而同时 2、4 路口的绿灯亮，2、4 路口方向通车；延时一段时间后，2、4 路口的绿灯熄灭，而黄灯开始闪烁，闪烁若干次以后，再切换到 1、3 路口方向，之后重复上述过程。

8255A 的 PB4～PB7 对应黄灯，PC0～PC3 对应红灯，PC4～PC7 对应绿灯。8255A 工作于模式 0，并置为输出。由于各发光二极管为共阳极，使其点亮应使 8255A 相应端口清 0。

2. 实验步骤

(1) 按图 7-14 连好实验线路。

CS-8255 插孔连译码输出 Y7 插孔。

L1—PC4　　L4—PC5　　L7—PC6

L10—PC7　　L2—PB4　　L5—PB5

L8—PB6　　L11—PB7　　L3—PC0

L6—PC1　　L9—PC2　　L12—PC3

(2) 运行实验程序。

五、实验软件框图

程序流程框图，如图 7-15 所示。

六、参考程序

七、实验结果

在 DVCC-8086JHN 上显示"8255-2"。同时 L1～L12 发光二极管模拟交通灯显示。

实验十九　8253A 定时器/计数器实验

一、实验目的

1. 学习 8253A 可编程定时器/计数器与 8088CPU 的接口方法。

2. 了解 8253A 的工作方式。

3. 掌握 8253A 在各种方式下的编程方法。

二、软、硬件环境

微机原理接口技术实验的实验环境如下。

1. 硬件环境

（1）微型计算机（Intel x86 系列 CPU）一台。

（2）DVCC-8086JHN 实验平台。

2. 软件环境

（1）WindowsXP/Vista/7 等 32 位操作系统。

（2）DVCC-8086JHN 实验系统。

三、实验涉及的主要知识单元

1. 8253A 内部结构

8253A 定时器/计数器具有定时、计数双功能。它具有三个相同且相互独立的 16 位减法计数器，分别称为计数器 0、计数器 1、计数器 2。每个计数器计数频率为 0～2MHz。由于其内部数据总线缓冲器为双向三态，故可直接接在系统数据总线上，通过 CPU 写入计数初值，也可由 CPU 读出计数当前值；其工作方式通过控制字确定；当选中该芯片时，图 7-16 中的读写控制逻辑根据读写命令及送来的地址信息控制整个芯片工作；控制字寄存器用于接收数据总线缓冲器的信息：当写入控制字时控制计数器的工作方式，控制寄存器为 8 位，只写不能读；当写入数据时则装入计数初值。

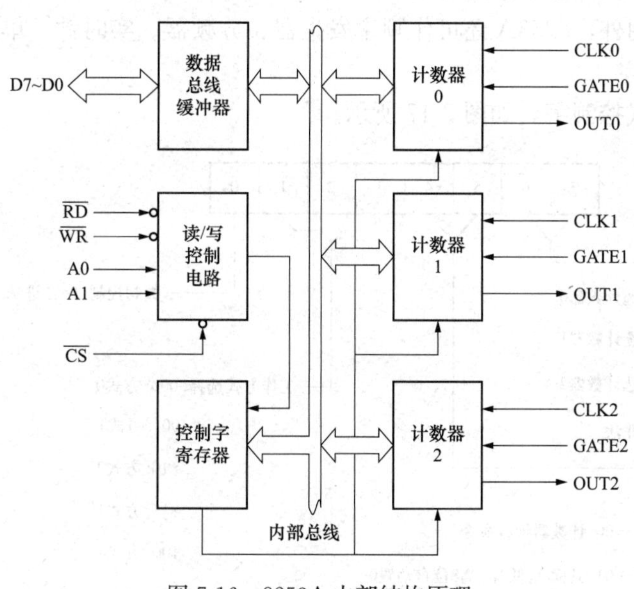

图 7-16　8253A 内部结构原理

2. 计数器内部结构

每个计数器由一个 16 位可预置的减 1 计数器组成，计数初值可保存在 16 位的锁存器中，该锁存器只写不能读。在计数器工作时，初值不受影响，以便进行重复计数。图 7-16 中每个计数器有一个时钟输入端 CLK 作为计数脉冲源，计数方式可以是二进制，计数范围 1～10000H，也可以是十进制，计数范围 1～65536。门控端 GATE 用于控制计数开始和停止。输出 OUT 端当计数器计数值减到零时，该端输出标志信号。

3. 8253A 端口地址

8253A 端口地址，见表 7-2。

表 7-2 8253A 端口地址

/CS	/RD	/WR	A1	A2	寄存器选择与操作
0	1	0	0	0	写入计数器＃0
0	1	0	0	1	写入计数器＃1
0	1	0	1	0	写入计数器＃2
0	1	0	1	1	写入控制寄存器
0	0	1	0	0	读计数器＃0
0	0	1	0	1	读计数器＃1
0	0	1	1	0	读计数器＃2
0	0	1	1	1	无操作（三态）
1	×	×	×	×	禁止（三态）
0	1	1	×	×	无操作（三态）

4. 8253A 功能

8253 A 既可作定时器又可作计数器。

(1) 计数：计数器装入初值后，当 GATE 为高电平时，可用外部事件作为 CLK 脉冲对计数值进行减 1 计数，每来一个脉冲减 1，当计数值减至 0 时，由 OUT 端输出一个标志信号。

(2) 定时：计数器装入初值后，当 GATE 为高电平时，由 CLK 脉冲触发开始自动计数，当计数到零时，发计数结束定时信号。

除上述典型应用外，8253A 还可作频率发生器、分频器、实时钟、单脉冲发生器等。

5. 8253A 控制字

8253A 工作方式控制字，如图 7-17 所示。

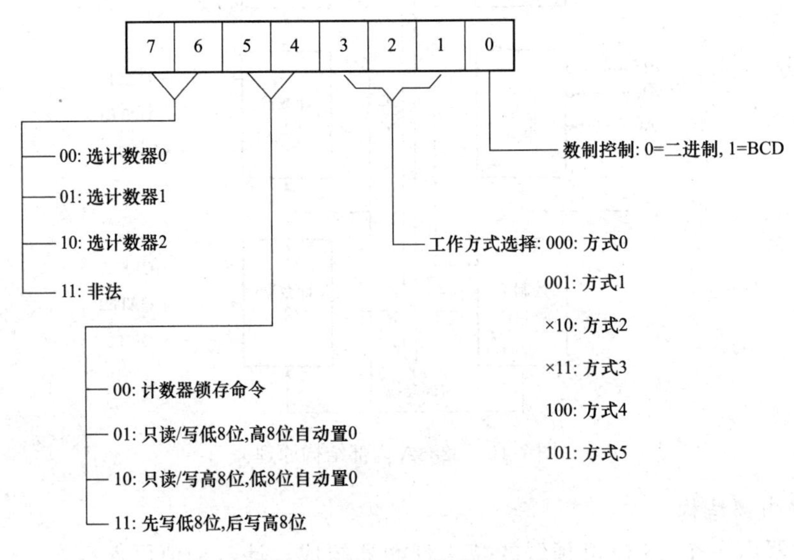

图 7-17 8253A 工作方式控制字

说明：

(1) 8253 A 每个通道对输入 CLK 按二进制或十进制从预置值开始减 1 计数，减到 0 时从 OUT 输出一个信号。

（2）8253 A 编程时先写控制字，再写时间常数。

6. 8253A 工作方式

（1）方式 0：计数结束产生中断方式。当写入控制字后，OUT 变为低电平，当写入初值后立即开始计数，当计数结束时，变成高电平。

（2）方式 1：可编程单次脉冲方式。当初值装入后且 GATE 由低变高时，OUT 变为低电平，计数结束变为高电平。

（3）方式 2：频率发生器方式。当初值装入时，OUT 变为高；计数结束，OUT 变为低。该方式下如果计数未结束，但 GATE 为低时，立即停止计数，强逼 OUT 变高，当 GATE 再变高时，便启动一次新的计数周期。

（4）方式 3：方波发生器。当装入初值后，在 GATE 上升沿启动计数，OUT 输出高电平；当计数完成一半时，OUT 输出低电平。

（5）方式 4：软件触发选通。当写入控制字后，OUT 输出为高；装入初值且 GATE 为高时开始计数，当计数结束，OUT 端输出一个宽度等于一个时钟周期的负脉冲。

（6）方式 5：硬件触发选通。在 GATE 上升沿启动计数器，OUT 一直保持高电平；计数结束，OUT 端输出一个宽度等于一个时钟周期的负脉冲。

四、实验内容与步骤

1. 实验内容

实验原理如图 7-18 所示，8253A 的 A0、A1 接系统地址总线 A0、A1，故 8253A 有四个端口地址，地址为 48H～4FH。因此，本实验仪中的 8253A 四个端口地址为 48H、49H、4AH、4BH，分别对应通道 0、通道 1、通道 2 和控制字。采用 8253A 通道 0，工作在方式 3（方波发生器方式），输入时钟 CLK0 为 1MHz，输出 OUTO 要求为 1kHz 的方波，并要求用接在 GATE0 引脚上的导线是接地（“0”电平）或甩空（“1”电平）来观察 GATE 对计数器的控制作用，用示波器观察输出波形。

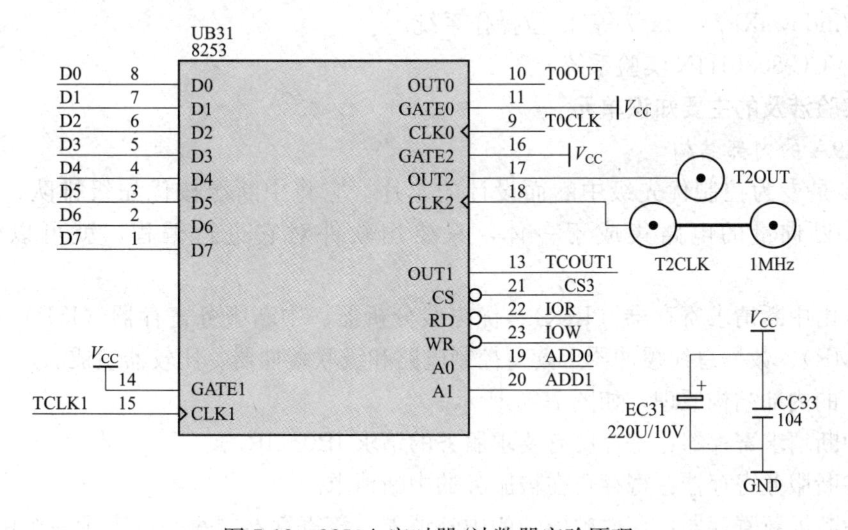

图 7-18　8253A 定时器/计数器实验原理

2. 实验步骤

（1）按图 7-18 连好实验线路，8253A 芯片的 T2CLK 引出插孔连分频输出插孔 1MHz。

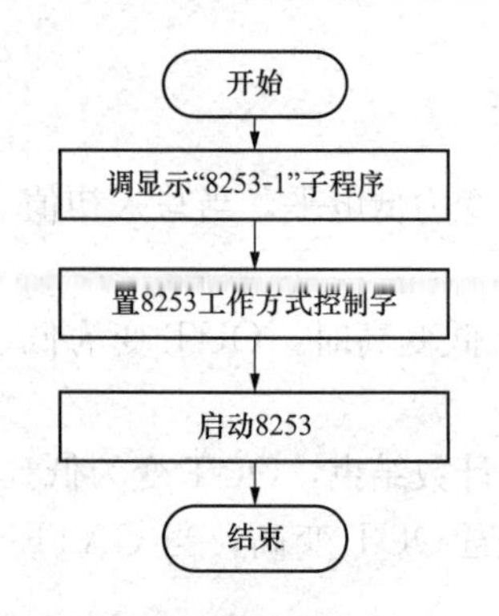

图 7-19　程序流程框图

(2) 运行实验程序。

五、实验软件框图

程序流程框图，如图 7-19 所示。

六、参考程序

七、实验结果

实验仪显示“8253-1”，用示波器测量 8253A 的 T2OUT 输出插孔，应有频率为 1kHz 的方波输出，幅值 0～4V。

实验二十　使用 8259A 的单级中断控制实验

一、实验目的

1. 掌握中断控制器 8259A 与微机接口的原理和方法。

2. 掌握中断控制器 8259A 的应用编程。

二、软、硬件环境

微机原理接口技术实验的实验环境如下。

1. 硬件环境

(1) 微型计算机（Intel x86 系列 CPU）一台。

(2) DVCC-8086JHN 实验平台。

2. 软件环境

(1) WindowsXP/Vista/7 等 32 位操作系统。

(2) DVCC-8086JHN 实验系统。

三、实验涉及的主要知识单元

1. 8259A 的内部结构

8259A 是专为控制优先级中断而设计的芯片。它将中断源按优先级排队、辨认中断源、提供中断向量的电路集成于一体，只要用软件对它进行编程，就可以管理 8 级中断。

8259A 由中断请求寄存器（IRR）、优先级分析器、中断服务寄存器（ISR）、中断屏蔽寄存器（IMR）、数据总线缓冲器、读写控制电路和级联缓冲器、比较器组成。

8259A 的内部结构原理，如图 7-20 所示。

(1) 中断请求寄存器：寄存所有要求服务的请求 IR0～IR7。

(2) 中断服务寄存器：寄存正在被服务的中断请求。

(3) 中断屏蔽寄存器：存放被屏蔽的中断请求，该寄存器的每一位表示一个中断号，该位为 1，屏蔽该号中断，否则开放该号中断。

(4) 数据总线缓冲器：数据总线缓冲器是双向三态的，用以连接系统总线和 8259A 内部

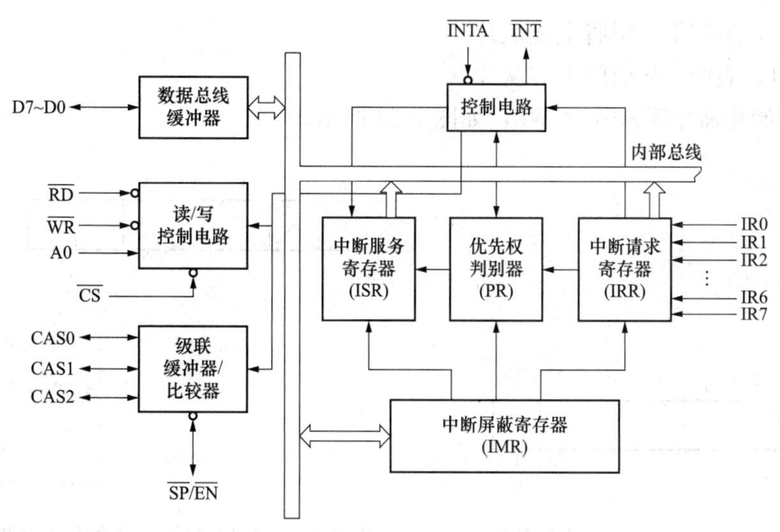

图 7-20　8259A 的内部结构原理

总线，通过它可由 CPU 对 8259A 写入状态字和控制字。

(5) 读写控制电路：用来接受 I/O 命令，对初始化命令和操作命令字寄存器进行写入，以确定 8259A 的工作方式和控制方式。

(6) 级联缓冲器/比较器：用于多片 8259A 的连接，能构成多达 64 级的矢量中断系统。

2. 8259A 编程及初始化

(1) 写初始化命令字。写初始化命令字 ICW1（A0＝0），以确定中断请求信号类型，清除中断屏蔽寄存器，中断优先级排队和确定系统用单片还是多片，如图 7-21 所示。

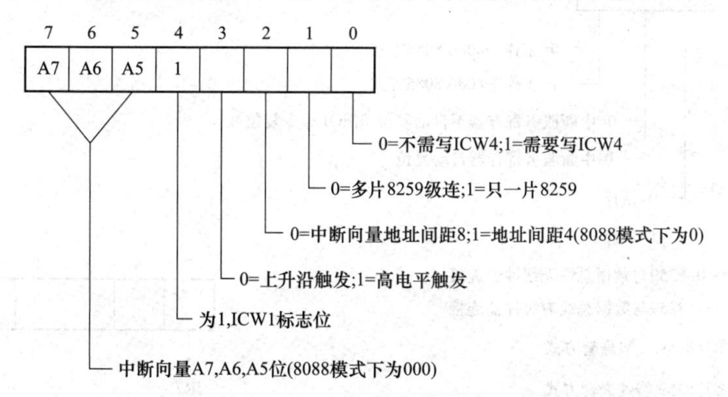

图 7-21　8259A 初始化命令字 ICW1

写初始化命令字 ICW2，以定义中断向量的高五位类型码，如图 7-22 所示。其中，A15～A8：8080/8085 方式下的中断向量高 8 位，8088 方式下 A8～A0 不用，设为 000。T7～T3：8086/8088 方式下的中断向量。

7	6	5	4	3	2	1	0
A15/T7	A14/T6	A13/T5	A12/T4	A11/T3	A10	A9	A8

图 7-22　8259A 初始化命令字 ICW2

写初始化命令字 ICW3，以定义主片 8259A 中断请求线上 IR0～IR7 有无级联的 8259A 从片，如图 7-23 所示。

第 i 位=0，表明 IRi 引脚上无从片。

第 i 位=1，表明 IRi 引脚上有从片。

8259A 初始化命令字从片 ICW3，如图 7-24 所示。

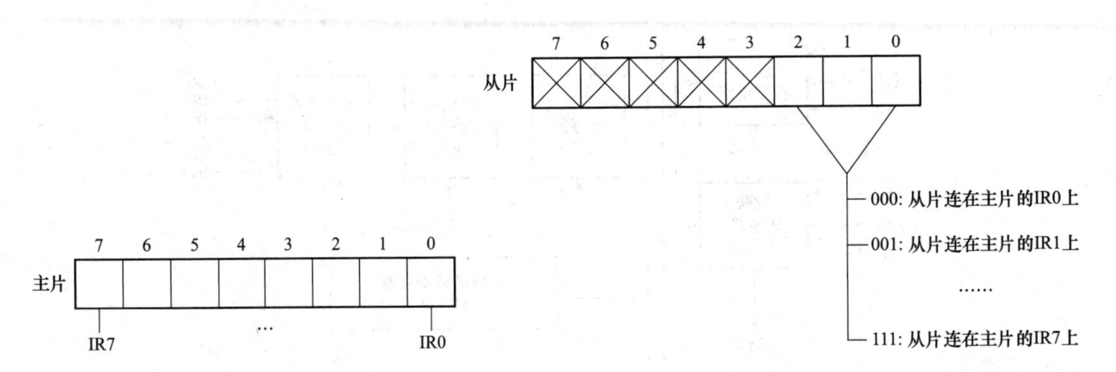

图 7-23　8259A 初始化命令字主片 ICW3　　图 7-24　8259A 初始化命令字从片 ICW3

写初始化命令 ICW4，用来定义 8259A 工作时用 8085 模式，还是 8088 模式，以及中断服务寄存器复位方式等，如图 7-25 所示。

（2）写控制命令字。写操作命令字 OCW1，用来设置或清除对中断源的屏蔽，如图 7-26 所示。

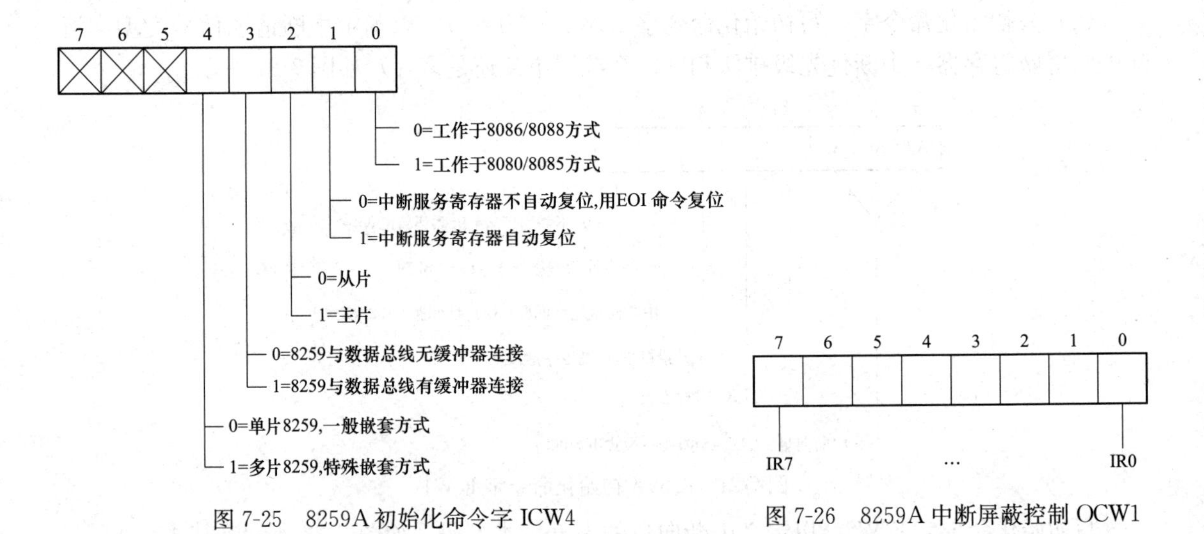

图 7-25　8259A 初始化命令字 ICW4　　图 7-26　8259A 中断屏蔽控制 OCW1

第 i 位=0，对应的中断请求 IRi 开放。

第 i 位=1，对应的中断请求 IRi 屏蔽。

注：OCW1 如不写，则在初始化命令写入后，OCW1 为全开放状态。

*操作命令字 OCW2，设置优先级是否进行循环、循环方式及中断结束方式，如图 7-27 所示。

注：8259A 复位时自动设置 IR0 优先权最高，IR7 优先权最低。

操作命令字 OCW3，设置查询方式、特殊屏蔽方式及读取 8259 中断寄存器的当前状态，如图 7-28 所示。

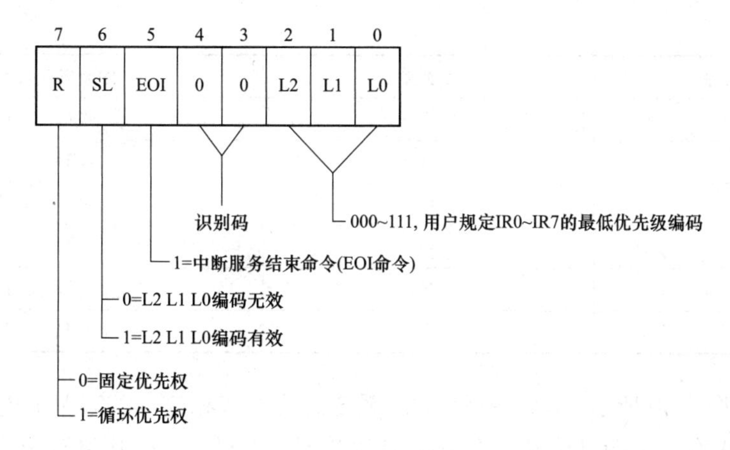

图 7-27　8259A 设置优先级循环方式和结束方式命令字 OCW2

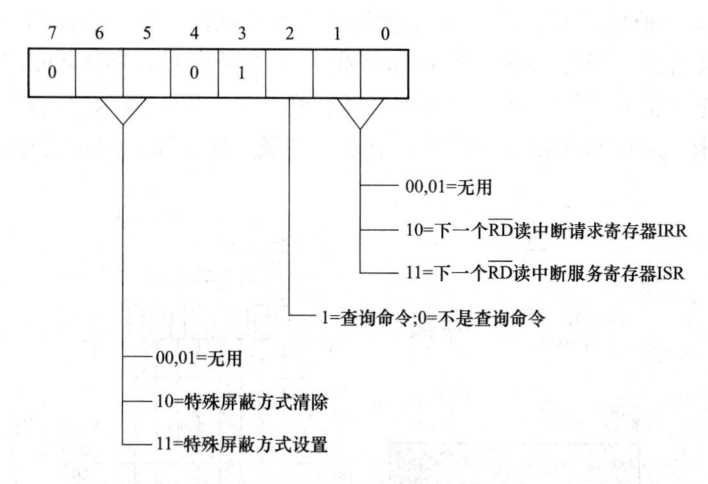

图 7-28　8259A 的 OCW3 格式

(3) 8259A 查询字。通过 OCW3 命令字的设置，可使 CPU 处于查询方式，随时查询 8259A 是否有中断请求，有则转入相应的中断服务程序，如图 7-29 所示。

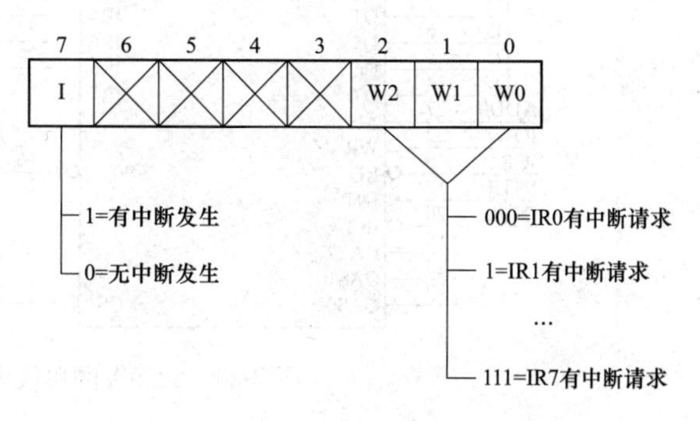

图 7-29　8259A 的查询字格式

四、实验内容与步骤

1. 实验内容

本系统中已设计有一片 8259A 中断控制芯片，工作于主片方式，8 个中断请求输入端 IR0～IR7 对应的中断型号为 8～F，其中断矢量见表 7-3。

表 7-3　　**中　断　矢　量**

8259 中断源	中断类型号	中断矢量表地址
IR0	8	20H～23H
IR1	9	24H～27H

续表

8259 中断源	中断类型号	中断矢量表地址
IR2	A	28H～2BH
IR3	B	2CH～2FH
IR4	C	30H～33H
IR5	D	34H～37H
IR6	E	38H～3BH
IR7	F	3CH～3FH

实验原理如图 7-30 所示，8259A 和 8088 系统总线直接相连，8259A 上连有一系统地址线 A0，故 8259A 有 2 个端口地址，本系统中为 20H、21H。20H 用来写 ICW1，21H 用来写 ICW2、ICW3、ICW4，初始化命令字写好后，再写操作命令字。OCW2、OCW3 用口地址 20H，OCW1 用口地址 21H。图 7-30 中使用了 3 号中断源，IR3 插孔和 SP 插孔相连，中断方式为边沿触发方式，每按一次 AN 按钮产生一次中断信号，向 8259A 发出中断请求信号。如果中断源电平信号不符合规定要求则自动转到 7 号中断，显示“Err”。CPU 响应中断后，在中断服务中，对中断次数进行计数并显示，计满 5 次结束，显示器显示“8259Good”。

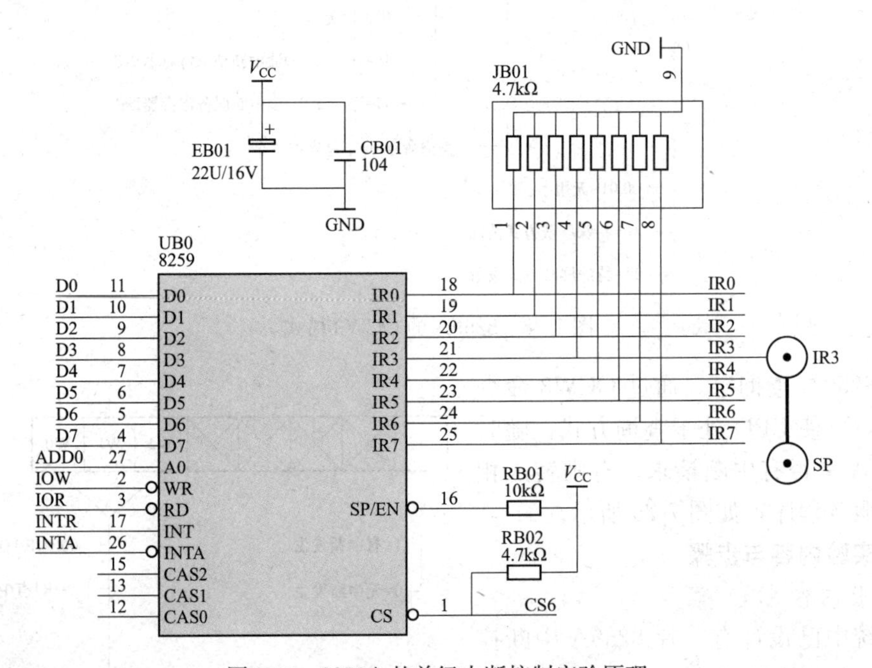

图 7-30　8259A 的单级中断控制实验原理

2. 实验步骤

（1）按图 7-30 连好实验线路，8259A 的 IRQ3 插孔和脉冲发生器单元 SP 插孔相连。SP 插孔初始电平置为低电平。

（2）运行实验程序。

五、实验软件框图

程序流程框图，如图 7-31 所示。

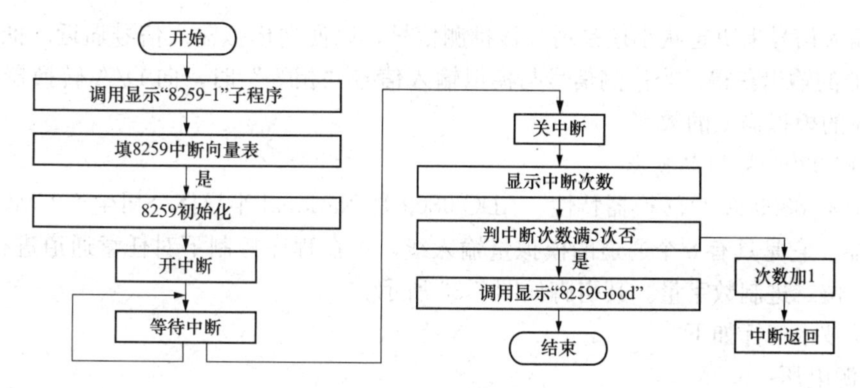

图 7-31　程序流程框图

六、参考程序

七、实验结果

在 DVCC-8086JHN 上显示"8259-1"。

按 AN 键，每按两次产生一次中断，在显示器左边一位显示中断次数，满 5 次中断，显示器显示"8259 Good"。

实验二十一　使用 ADC0809 的 A/D 转换实验

一、实验目的

1. 加深理解逐次逼近法模数转换器的特征和工作原理。

2. 掌握 ADC0809 的接口方法及 A/D 输入程序的设计和调试方法。

二、软、硬件环境

微机原理接口技术实验的实验环境如下。

1. 硬件环境

(1) 微型计算机（Intel x86 系列 CPU）一台。

(2) DVCC-8086JHN 实验平台。

2. 软件环境

(1) WindowsXP/Vista7 等 32 位操作系统。

(2) DVCC-8086JHN 实验系统。

三、实验涉及的主要知识单元

1. 逐次逼近法 A/D 的转换原理

逐次逼近法 A/D 也称逐次比较法 A/D。它由结果寄存器、D/A、比较器和置位控制逻辑等部件组成，如图 7-32 所示。

将一个待转换的模拟输入信号 V_{IN} 与一个"推测"信号 V_1 相比较，根据推测信号是大于还是小于输入信号来决定减小还是增大该推测信号，以便向模拟输入信号逼近。推测信号由 D/A 变换器的输出获得，当推测信号与模拟输入信号“相等”时，向 D/A 转换器输入的数字即为对应的模拟输入的数字。

2. ADC 0809 A/D 转换器

(1) ADC 0809 A/D 转换器特性。ADC 0809 是 National 半导体公司生产 CMOS 材料的 A/D 转换器。它是具有 8 个通道的模拟量输入线，可在程序控制下对任意通道进行 A/D 转换，得到 8 位二进制数字量。其引脚如图 7-33 所示。

其主要技术指标如下。

1) 电源电压：6.5V。

2) 分辨率：8 位。

3) 时钟频率：640kHz。

4) 转换时间：100μs。

5) 未经调整误差：1/2LSB 和 1LSB。

6) 模拟量输入电压范围：0～5V。

7) 功耗：15mW。

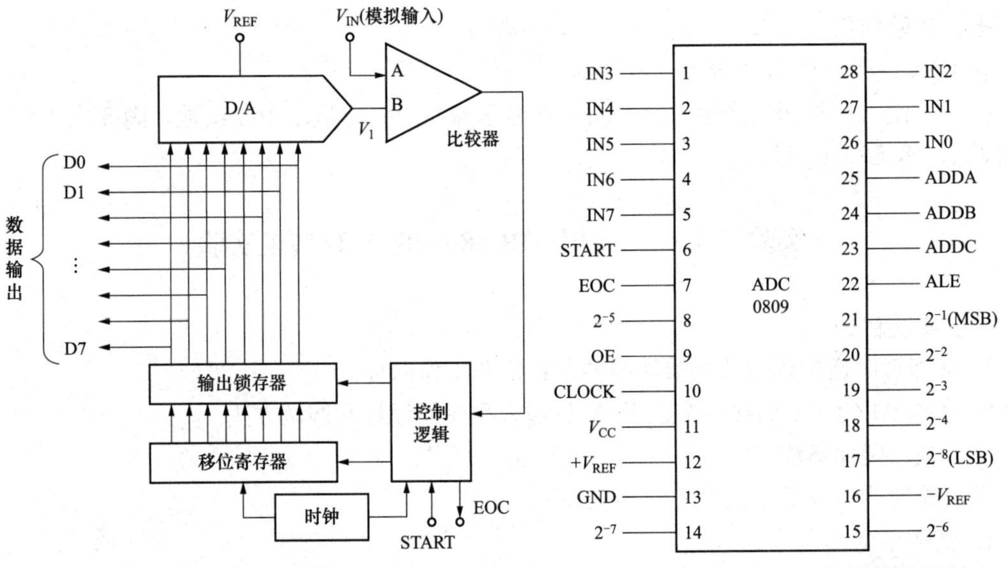

图 7-32 逐次逼近法 A/D 的转换原理　　图 7-33 ADC 0809 A/D 转换器引脚

(2) ADC 0809 A/D 转换器结构原理。ADC 0809 A/D 转换器内部结构原理如图 7-34 所示，片内有 8 路模拟开关、模拟开关的地址锁存与译码电路、比较器、256R 电阻 T 型网络、树状电子开关、逐次逼近寄存器 SAR、三态输出锁存缓冲存储器、控制与时序电路等。

ADC 0809 通过引脚 IN0，IN1，…，IN7 可输入 8 路单边模拟输入电压。ALE 将 3 位地址线 ADDA、ADDB、ADDC 进行锁存，然后由译码器选通 8 路中的一路进行 A/D 转换。

(3) ADC 0809 与系统总线的连接。由于 ADC 0809 芯片输出端具有可控的三态输出门，因此与系统总线连接非常简单，即直接和系统总线相连，由读信号控制三态门，在转换结束后，CPU 通过执行一条输入指令而产生读信号，将数据从 A/D 转换器取出。

ADC 0809 与系统总线的连接示意如图 7-35 所示。

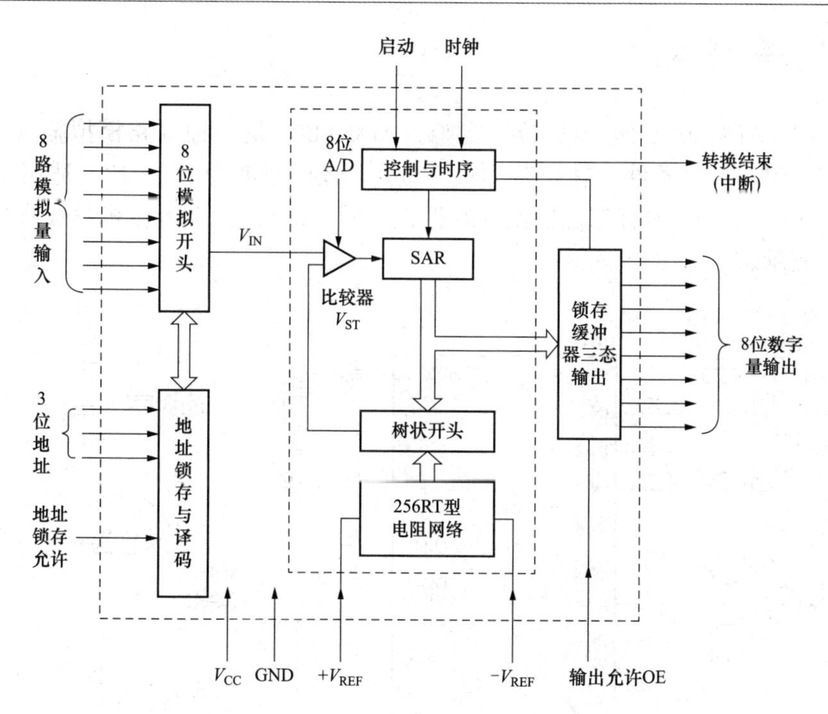

图 7-34　ADC 0809 A/D 转换器内部结构原理

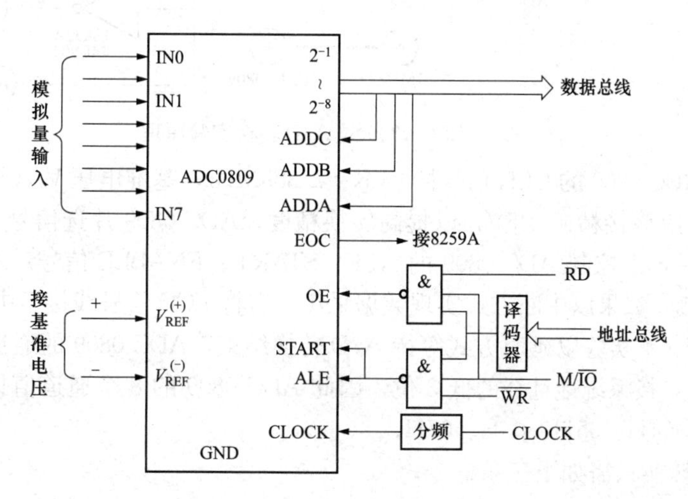

图 7-35　ADC 0809 与系统总线的连接示意

在图 7-35 中，用微机系统的地址线通过译码器输出端作为 ADC 0809 的片选信号。以 M/IO、WR 和地址译码输出信号的组合作为启动信号 START 和地址锁存信号 ALE。以 M/IO、RD 和地址信号的组合信号作为输出允许信号 OUTPUTENABLE。通道地址线 ADDA、ADDB、ADDC 分别接到数据总线的低 3 位上。当计算机向 ADC 0809 芯片执行一条输出指令时，M/IO、WR 和地址信号同时有效，地址锁存信号 ALE 将出现在数据总线上的模拟通道地址锁入 ADC 0809 的地址锁存器中，START 信号启动芯片开始 A/D 转换。当计算机按上述芯片地址执行一条输入指令时，M/IO、RD 和地址信号同时有效，这时输出允许 OUTPUT ENABLE 有效，ADC 0809 的输出三态门被打开，已转换好的数据就出现在数据总线上。

四、实验内容与步骤

1. 实验内容

本实验采用 ADC 0809 做 A/D 转换实验。ADC 0809 是一种 8 路模拟输入、8 位数字输出的逐次逼近法 A/D 器件，转换时间约 100μs，转换精度为±1/512，适用于多路数据采集系统。ADC 0809 片内有三态输出的数据锁存器，故可与 8088 微机总线直接接口，原理如图 7-36 所示。

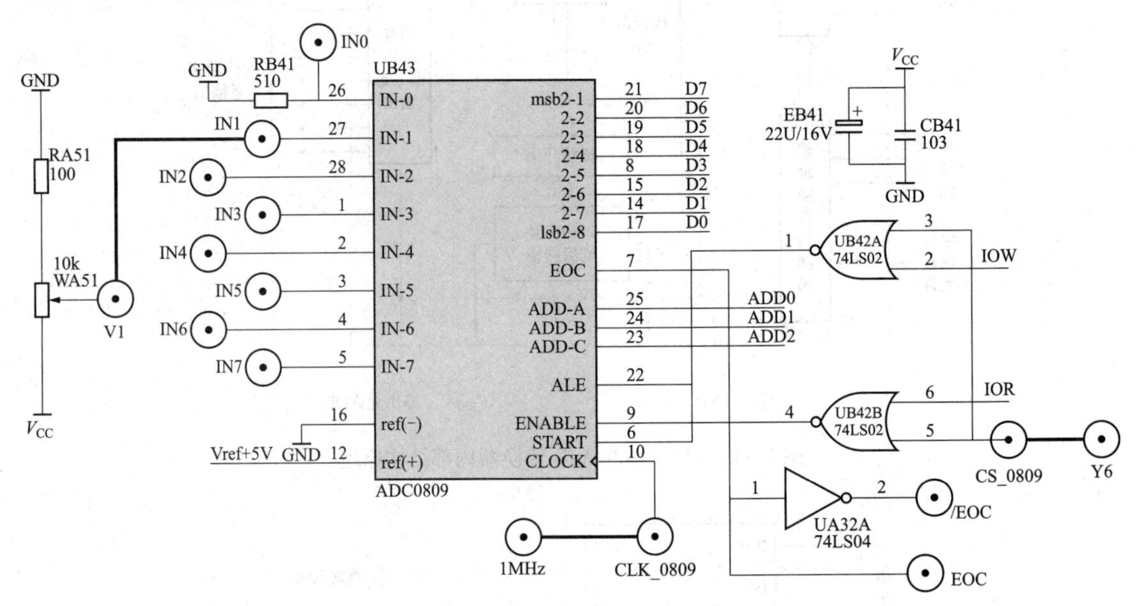

图 7-36　ADC 0809 的 A/D 转换实验原理

图 7-36 中，ADC 0809 的 CLK 信号接 CLK＝2.385MHz，基准电压 V_{ref}(＋) 接 V_{CC}。一般在实际应用系统中应该接精确＋5V，以提高转换精度，ADC 0809 片选信号 0809CS 和/IOW、/IOR 经逻辑组合后，去控制 ADC 0809 的 ALE、START、ENABLE 信号。ADC 0809 的转换结束信号 EOC 未接，如果以中断方式实现数据采集，需将 EOC 信号线接至中断控制器 8259A 的中断源输入通道。本实验以延时方式等待 A/D 转换结束，ADC 0809 的通道号选择线 ADD-A、ADD-B、ADD-C 接系统地址线的低 3 位，因此 ADC 0809 的 8 个通道值地址分别为 00H、01H、02H、03H、04H、05H、06H、07H。

启动本 A/D 转换只需如下三条命令。

```
MOV DX，ADPORT        ；ADPORT 为 ADC 0809 端口地址
MOV AL，DATA          ；DATA 为通道值
OUT DX，AL            ；通道值送端口
```

读取 A/D 转换结果用下面两条指令。

```
MOV DX，ADPORT
IN AL，DX
```

在图 7-36 中，粗黑线是学生需要连接的线，粗黑线两端是需连接的信号名称。

(1) IN1 插孔连 WA51 的输出 V1 插孔。

(2) CS-0809 连译码输出 Y6 插孔。

(3) CLK-0809 连脉冲输出 1MHz。

2. 实验步骤

(1) 正确连接好实验线路。

(2) 理解实验原理。

(3) 仔细阅读，弄懂实验程序。

(4) 运行实验程序。

1) 运行系统监控中的实验程序。

在系统接上电源，显示“DVCC-86H”后，按任意键，显示器显示“-”。

按 GO 键，显示“1000XX”。

输入 F000：B000。

再按 EXEC 键，在 DVCC-8086JHN 上应显示“0809-XX”。

调节电位器 WA51，以改变模拟电压值，显示器上会不断显示新的 A/D 转换结果。用 ADC 0809 做 A/D 转换，其模拟量与数字量对应关系的典型值为＋5V-FFH，2.5V-80H，0V-00H。

2) 运行随机软件中的实验程序。

按《DVCC86 软件使用说明书》中的安装启动方法先安装该联机软件。

启动 DVCC86 调试软件：在 Windows 平台下，启动 DVCC86 调试软件，屏幕显示联机界面。

联机：点击界面上的“联机”按钮，此时，应有反汇编、寄存器等窗口出现，同时，实验仪的数码管上显示版本号 5.0，表示联机正常。

选择实验项目：在实验指南栏/实验项目下点击 A/D 转换 0809 应用。

装入实验源文件：在实验指南栏下点击实验源文件，屏幕上出现源文件窗口。

编译、连接并装载目标文件：点击调试图标，对当前源文件窗口内的源文件进行编译、连接并装载到实验仪的 RAM 中。目标文件装载起始地址默认为源文件中 ORG 定义的程序段起始地址。在反汇编窗口内显示刚才装入的程序，并有一红色小箭头指示在起始程序行上。

运行程序：点击运行图标，在 DVCC-8086JHN 上应显示“0809-XX”。

调节电位器 WA51，以改变模拟电压值，显示器上会不断显示新的 A/D 转换结果。用 ADC 0809 做 A/D 转换，其模拟量与数字量对应关系的典型值为＋5V-FFH，2.5V-80H，0V-00H。

五、实验软件框图

程序流程框图，如图 7-37 所示。

开始
启动0809进行本次A/D转换
延时等待A/D转换结束
读取A/D转换结果
将结果转换成显示代码
调用显示转换结果子程序

图 7-37　程序流程框图

六、参考程序

七、实验结果

初始显示“0809-00”，然后根据 A/D 采样值，不断更新显示。

实验二十二 使用DAC0832的D/A转换实验（一）

一、实验目的

1. 熟悉DAC0832数模转换器的特性和接口方法。

2. 掌握D/A输出程序的设计和调试方法。

二、软、硬件环境

微机原理接口技术实验的实验环境如下。

1. 硬件环境

（1）微型计算机（Intel x86系列CPU）一台。

（2）DVCC-8086JHN实验平台。

2. 软件环境

（1）WindowsXP/Vista/7等32位操作系统。

（2）DVCC-8086JHN实验系统。

三、实验涉及的主要知识单元

1. D/A转换器的原理

D/A转换器从工作原理上可分为并行D/A转换器及串行D/A转换器两种。并行D/A转换器的转换速度快，但电路复杂。随着微电子技术的发展，并行D/A转换器集成电路目前已大量生产，广为采用。

并行D/A转换器的位数与输入数码的位数相同，对应输入数码的每一位都设有信号输入端，用以控制相应的模拟切换开关，把基准电压U_n接到电阻网络上。并行D/A转换器的原理如图7-38所示。

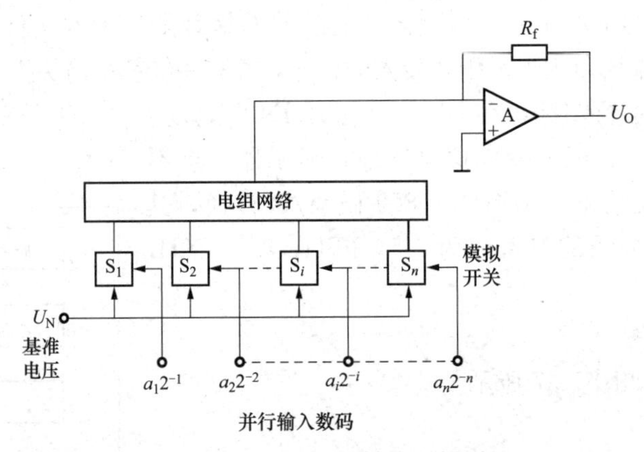

图7-38 并行D/A转换器的原理

2. DAC0832 D/A转换器

（1）DAC0832特性。DAC0832是用先进的CMOS/Si-Cr工艺制成的双列直插式单片8位D/A转换器。它可直接和8088CPU相接口。它采用二次缓冲方式（有两个写信号/WR1、/WR2），这样可在输出的同时，采集下一个数字量，以提高转换速度。而更重要的是能够在多个转换器同时工作时，有可能同时输出模拟量。它的主要技术参数：分辨率为8位，电流建立时间为1μs，单一电源5～15V直流供电，可双缓冲、单缓冲或直接数据输入。

DAC0832 D/A 转换器的引脚如图 7-39 所示。

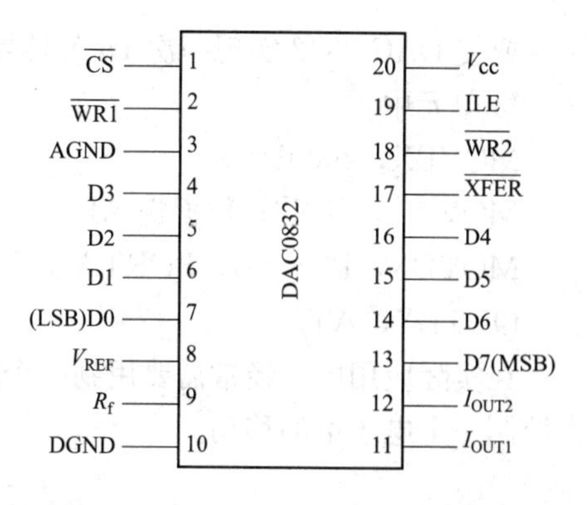

图 7-39　DAC0832 D/A 转换器的引脚

* D0～D7：数据输入线，TTL 电平，有效时间应大于 90ns（否则锁存的数据会出错）。

* ILE：数据锁存允许控制信号输入线，高电平有效。

* /CS：选片信号输入线，低电平有效。

* /WR1：输入锁存器写选通输入线，负脉冲有效（脉宽应大于 500ns）。当/CS 为“0”、ILE 为“1”、/WR1 为“0”时，D0～D7 状态被锁存到输入锁存器。

* /XFER：数据传输控制信号输入线，低电平有效。

* /WR2：DAC 寄存器写选通输入线，负脉冲（宽于 500ns）有效。当/XFER 为“0”且/WR2 有效时，输入锁存器的状态被传送到 DAC 寄存器中。

* I_{OUT1}：电流输出线，当输入为全 1 时 I_{OUT1} 最大。

* I_{OUT2}：电流输出线，其值和 I_{OUT1} 值之和为一常数。

* R_{fb}：反馈信号输入线，改变 R_{fb} 端外接电容器值可调整转换满量程精度。

* V_{CC}：电源电压线，V_{CC} 范围为＋5V～＋15V。

* V_{REF}：基准电压输入线，V_{REF} 范围为－10V～＋10V。

* AGND：模拟地。

* DGND：数字地。

（2）DAC0832 结构原理。DAC0832 由 8 位输入锁存器、8 位 DAC 寄存器、8 位 D/A 转换电路组成。DAC0832 D/A 转换器的内部结构原理，如图 7-40 所示。

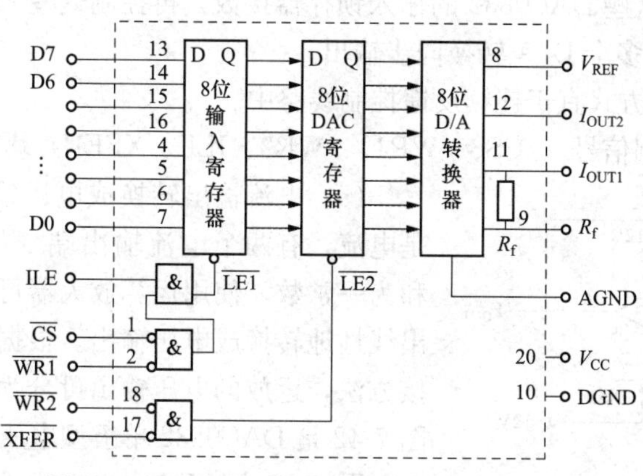

图 7-40　DAC0832 D/A 转换器的内部结构原理

当 ILE 为高电平，CS 为低电平，WR1 为负脉冲时，在 LE1 产生正脉冲；LE1 为高电平时，输入寄存器的状态随数据输入线状态变化，LE1 的负跳变将输入数据线上的信息存入输入寄存器。当 XFER 为低电平，WR2 输入负脉冲时，则在 LE2 产生正脉冲；LE2 为高电平时，DAC 寄存器的输入与输出寄存器的状态一致，LE2 的负跳变，输入寄存器内容存入 DAC 寄存器。

（3）DAC0832 系统接口电路。DAC 0832 的外部连接线路如图 7-41 所示，由于 0832 内部已有数据锁存器，所以在控制信号作用下，可对总线上的数据直接进行锁存。在 CPU 执行输出指令时，WR1 和 CS 信号处于有效电平。

要使 DAC 0832 实现一次 D/A 转换，可采用以下程序，程序中假设要转换的数据放在 4000H 单元中。

MOVBX，4000H

MOVAL，[BX]；数据送 AL 中

MOVDX，PORTA；PORTA 为 D/A 转换器端口号

OUTDX，AT

在实际应用中，经常需要用到一个线性增长的电压去控制某个检测过程或作为扫描电压去控制一个电子束的移动。

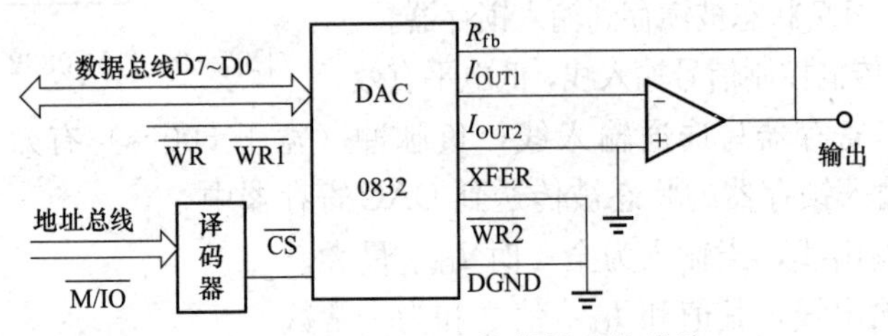

图 7-41 DAC 0832 的外部连接线路

（4）DAC0832 工作方式。根据对 DAC0832 的输入锁存器和 DAC 寄存器不同的控制方法，DAC0832 有以下三种工作方式。

1）单缓冲方式。此方式适用于只有一路模拟量输出或几路模拟量非同步输出的情形。

方法是控制输入锁存器和 DAC 寄存器同时接数，或者只用输入锁存器而把 DAC 寄存器接成直通方式。

2）双缓冲方式。此方式适用于多个 DAC0832 同时输出的情形。

方法是先分别使这些 DAC0832 的输入锁存器接数，再控制这些 DAC0832 同时传递数据到 DAC 寄存器以实现多个 D/A 转换同步输出。

3）直通方式。此方式宜于连续反馈控制线路中。

方法是使所有控制信号（/CS、/WR1、/WR2、ILE、XFER）均有效。

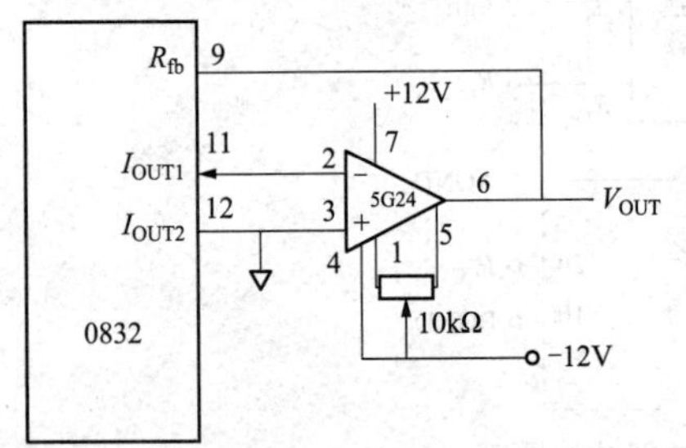

图 7-42 DAC0832 单极型电压输出电路

（5）电流输出转换成电压输出。DAC0832 的输出是电流，有两个电流输出端（I_{OUT1} 和 I_{OUT2}），它们的和为一常数。使用运算放大器可将 DAC0832 的电流输出线性地转换成电压输出。根据运放和 DAC0832 的连接方法，运放的电压输出可分为单极型和双极型两种。图 7-42 是 DAC0832 单极型电压输出电路。

图 7-42 中，DAC0832 的 I_{OUT2} 被接地，I_{OUT1} 接运放 LM324 的反相输入端，LM324 的正相输入端接地。运放的输出电压 V_{OUT} 之值等于 I_{OUT1} 与 R_{fb} 之积，V_{OUT} 的极性与 DAC0832 的基准电压 V_{REF} 极性相反。$V_{OUT}=-[V_{REF}\times$(输入数字量的十进制数)$]/256$，如果在单极型输出的线路中再加一个放大器，便构成双极型输出线路。

四、实验内容与步骤

1. 实验内容

实验原理如图 7-43 所示，由于 DAC0832 有数据锁存器、选片、读、写控制信号线，故

可与8088CPU总线直接接口。图7-43中是只有一路模拟量输出，且为单极型电压输出。DAC0832工作于单缓冲方式，它的ILE接+5V，CS-0832作为0832芯片的片选CS。这样，对DAC0832执行一次写操作就把一个数据直接写入DAC寄存器、模拟量输出随之而变化。

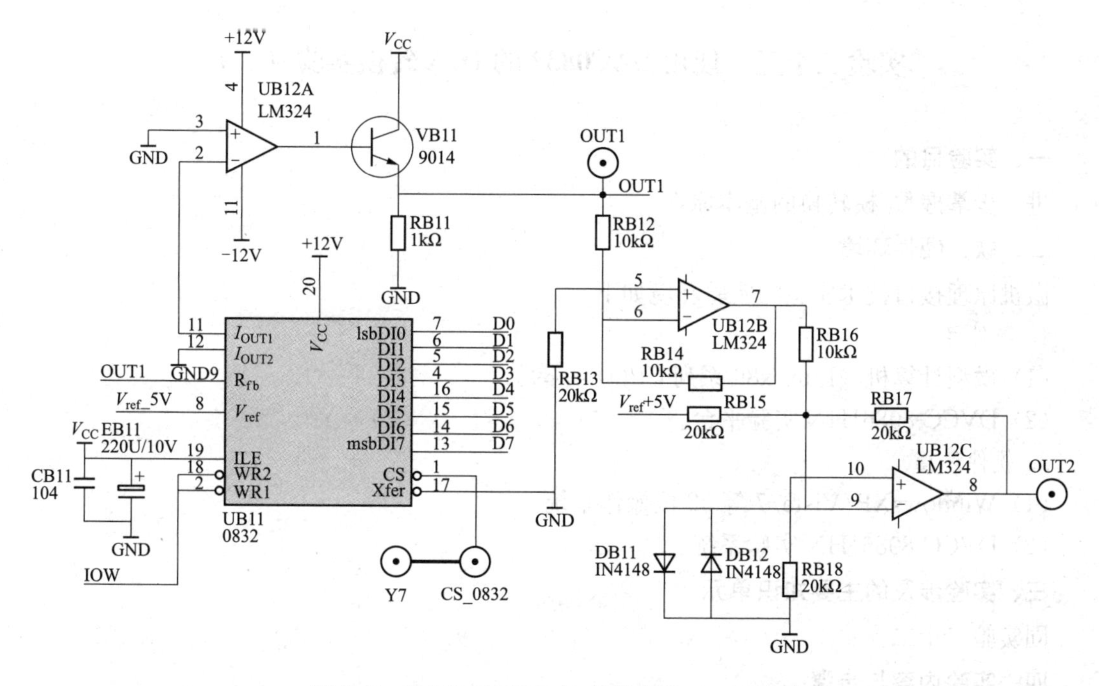

图7-43　DAC0832的D/A转换实验（一）原理

本实验要求在OUT1端输出方波信号，方波信号的周期由延时时间常数确定。根据$V_{OUT}=-[V_{REF}\times$(输入数字量的十进制数)]/256，当数字量的十进制数为256（FFH）时，由于$V_{REF}=-5V$，$V_{OUT}=+5V$。当数字量的十进制数为0(00H)时，由于$V_{REF}=-5V$，$V_{OUT}=0V$。因此，只要将上述数字量写入DAC0832端口地址时，模拟电压就从OUT1端输出。

2. 实验步骤

（1）根据图7-43正确连接好实验线路，将0832片选信号CS-0832插孔和译码输出Y7插孔相连。

（2）正确理解实验原理，进行软件编程。

（3）运行实验程序。

五、实验软件框图

程序流程框图，如图7-44所示。

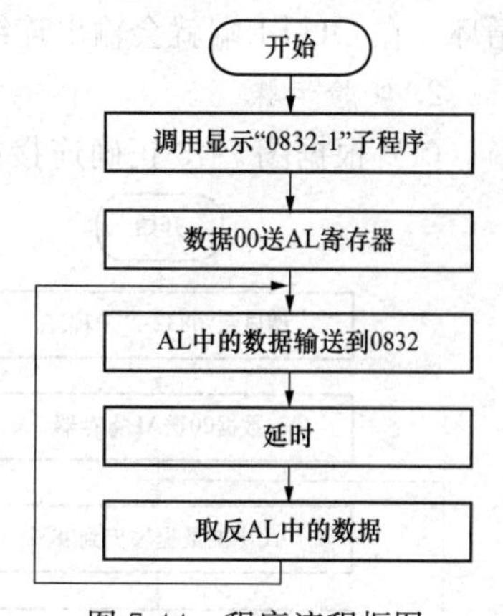

图7-44　程序流程框图

六、参考程序

七、实验结果

在 DVCC-8086JHN 显示器上显示“0832-1”。用示波器测量 DAC0832 下方 OUT1 插孔，应有方波输出，方波的周期约为 1ms。

实验二十三　使用 DAC0832 的 D/A 转换实验（二）

一、实验目的

进一步掌握数/模转换的基本原理。

二、软、硬件环境

微机原理接口技术实验的实验环境如下。

1. 硬件环境

（1）微型计算机（Intel x86 系列 CPU）一台。

（2）DVCC-8086JHN 实验平台。

2. 软件环境

（1）WindowsXP/Vista/7 等 32 位操作系统。

（2）DVCC-8086JHN 实验系统。

三、实验涉及的主要知识单元

同实验二十二。

四、实验内容与步骤

1. 实验内容

本实验原理基本同实验二十二。

本实验在 OUT1 端输出锯齿波。根据 $V_{OUT}=-[V_{RFE}\times$(输入数字量的十进制数)]/256 即可知道，只要将数字量 0～256（00H～FFH）从 0 开始逐渐加 1 递增直至 256 为止，不断循环，在 OUT1 端就会输出连续不断的锯齿波。

2. 实验步骤

（1）根据图 7-43 正确连接好实验线路，将 0832 片选信号 CS-0832 插孔和译码输出 Y7 插孔相连。

（2）正确理解实验原理，进行软件编程。

（3）运行实验程序。

五、实验软件框图

程序流程框图，如图 7-45 所示。

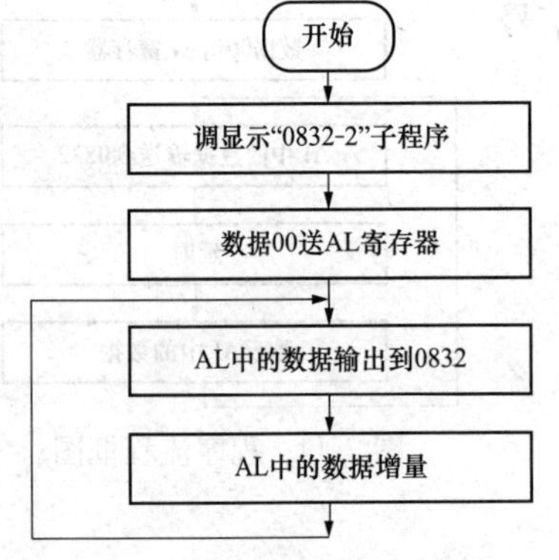

图 7-45　程序流程框图

六、参考程序

七、实验结果

在 DVCC-8086JHN 显示器上显示“0832-2”，用示波器测量 DAC0832 下方 OUT1 插孔，应有锯齿波输出。

实验二十四　使用 8251A 的串行接口应用实验（一）

一、实验目的

1. 掌握用 8251A 接口芯片实现微机间的同步和异步通信。

2. 掌握 8251A 芯片与微机的接口技术和编程方法。

二、软、硬件环境

微机原理接口技术实验的实验环境如下。

1. 硬件环境

（1）微型计算机（Intel x86 系列 CPU）一台。

（2）DVCC-8086JHN 实验平台。

2. 软件环境

（1）WindowsXP/Vista/7 等 32 位操作系统。

（2）DVCC-8086JHN 实验系统。

三、实验涉及的主要知识单元

8251A 是一种可编程的同步/异步串行通信接口芯片，具有独立的接收器和发送器，能实现单工、半双工、双工通信。

同步方式：数据 5～8 位，波特率 64kbit/s（直流），可选择内同步或外同步。

异步方式：数据 5～8 位，波特率 19.2kbit/s（直流），波特率系数（时钟速率/传输速率）1、16 和 64。

停止位 1、1.5 或 2 位，能检查假启动位，可自动产生、检测和处理中止符等。

两种方式，均有检测奇偶校验错、溢出错和帧错误的功能。

1. 8251A 内部结构

8251A 通过引脚 D0～D7 和系统数据总线直接接口，用于和 CPU 传递命令、数据、状态信息。读写控制逻辑用来接收 CPU 的控制信号、控制数据传送方向。8251A 内部结构原理如图 7-46 所示。

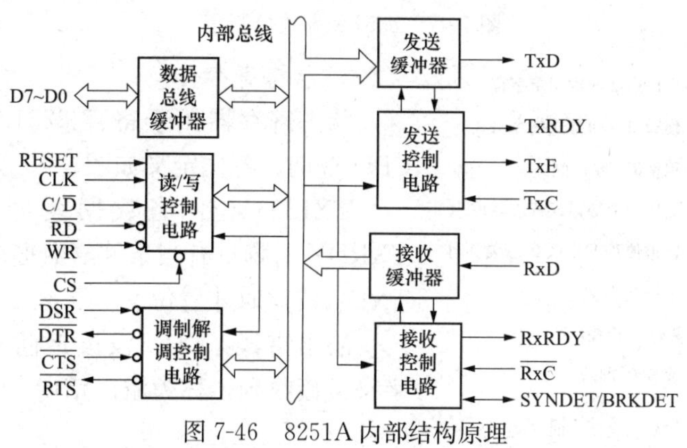

图 7-46　8251A 内部结构原理

它是 8251A 与系统数据总线间的接口，内部包含：

状态缓冲器——存放 8251A 的状态信息。

接收数据缓冲器——存放 8251A 接收的数据。

发送数据/命令缓冲器——存放写入 8251A 的数据或命令（控制）字。

D7～D0 数据线与系统数据总线相连，用来传送在 8251A 和 CPU 间传送的数据信息、编程命令和状态信息。

CPU 对 8251A 的读写操作控制见表 7-4。

表 7-4　CPU 对 8251A 的读写操作控制

CS*	C/D*	RD*	WR*	操作
1	任意	任意	任意	无操作，D0～D7 呈高阻
0	1	1	0	写控制字
0	0	1	0	写数据
0	1	0	1	读状态
0	0	0	1	读数据

2. 8251A 的方式控制字和命令控制字

方式控制字确定 8251A 的通信方式（同步/异步）、校验方式（奇校/偶校/不校）、字符长度及波特率等，格式如图 7-47 所示。命令控制字使 8251A 处于规定的状态以准备收发数据，命令控制字如图 7-48 所示。方式控制字和命令控制字无独立的端口地址，8251A 根据写入的次序来区分。CPU 对 8251A 初始化时先写方式控制字，后写命令控制字。

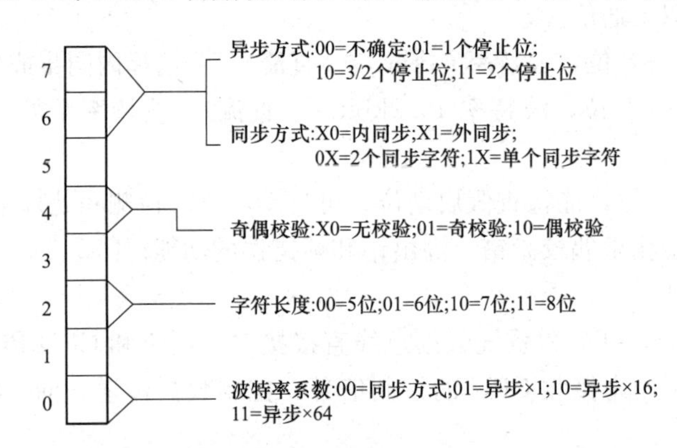

图 7-47　8251A 方式控制字

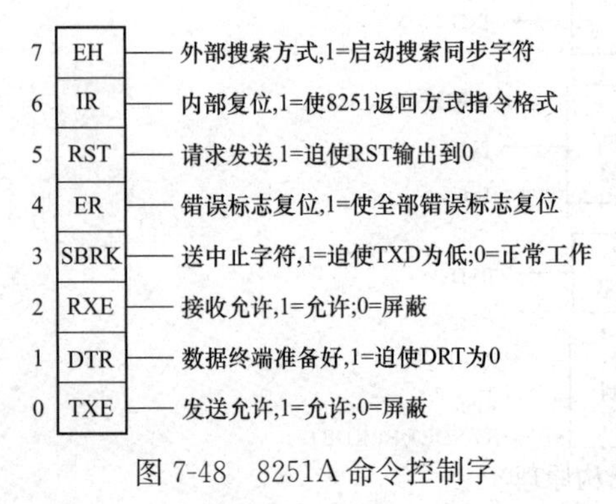

图 7-48　8251A 命令控制字

3. 状态寄存器

状态寄存器用于寄存 8251A 的状态信息，供 CPU 查询。各位定义如图 7-49 所示。

TXRDY 位：当数据缓冲器空时置位，而 TXRDY 引脚只有当条件（数据缓冲器空・/CTS・TXE）成立时才置位。

溢出错误：CPU 没读走前一个字符，下一个字符又接收到，称为溢出错误。

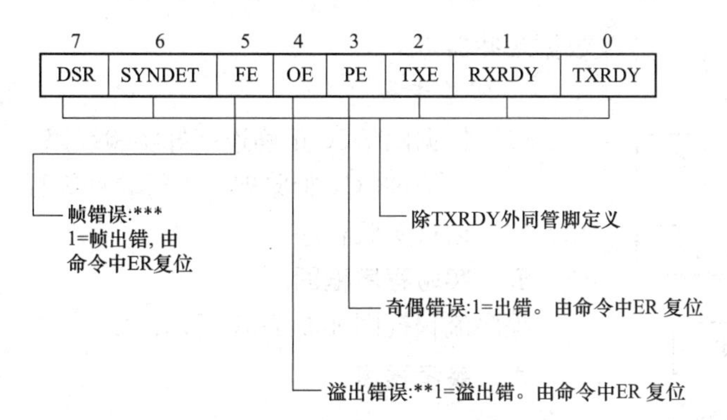

图 7-49　8251A 状态寄存器中各位定义

帧错误：在字符结尾没检测到停止位，称为帧错误。

四、实验内容与步骤

1. 实验内容

实验原理如图 7-50 所示，8251A 的片选地址为 050～05F，8251A 的 C/D 接 A0，因此，8251A 的数据口地址为 050H，命令/状态口地址是 051H，8251A 的 CLK 接系统时钟的 2 分频输出 PCLK（2.385MHz），图 7-50 中接收时钟 RXC 和发送时钟 TXC 连在一起接到 8253A 的 OUT1，8253A 的 OUT1 输出频率不小于 79.5kHz。

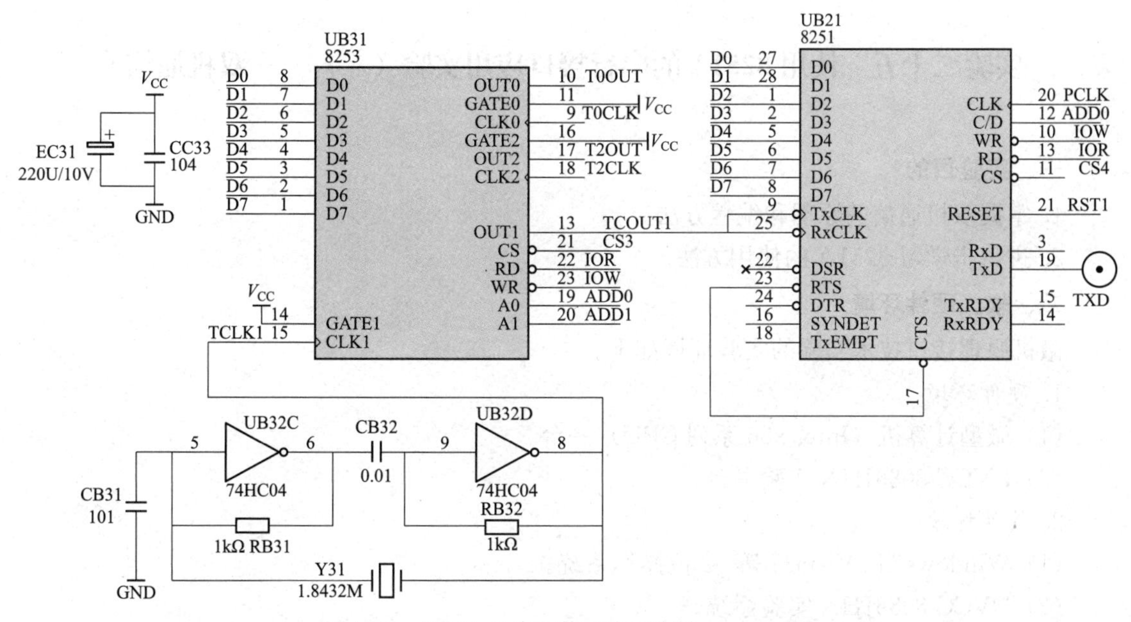

图 7-50　8251A 的串行接口应用实验（一）原理

本实验采用 8251A 异步方式发送，波特率为 9600bit/s，因此 8251A 发送器时钟输入端 TXC 输入一个 153.6kHz 的时钟（9600×16）。这个时钟就有 8253A 的 OUT1 产生。8253A 的 CLK1 接 1.8432MHz，它的 12 分频正好是 153.6kHz。故 8253A 计数器 1 设置为工作方式 3——方波频率发生，其计数初值为 000CH。

本实验发送字符的总长度为 10 位 [1 个起始位（0），8 个数据位（D0 在前），1 个停止位（1）]，发送数据为 55H，反复发送，以便用示波器观察发送端 TXD 的波形。用查询 8251A 状态字的第 0 位（TXRDY）来判断 1 个数据是否发送完毕，当 TXRDY=1 时，发送

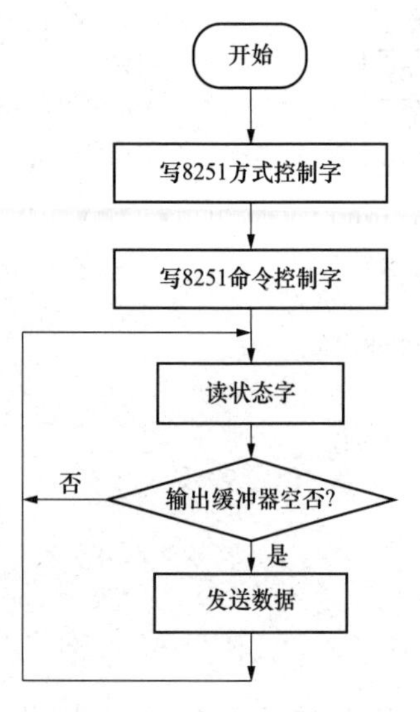

图 7-51 程序流程框图

数据缓冲器空。

2. 实验步骤

(1) 根据图 7-50 正确连接好实验线路。

(2) 正确理解实验原理，进行软件编程。

(3) 运行实验程序。

五、实验程序框图

程序流程框图如图 7-51 所示。

六、参考程序

七、实验结果

在 DVCC-8086JHN 上显示“8251-1”，用示波器探头测 TXD 波形，以判断起始位、数据位及停止位的位置。

注：本实验只在单机状态下做。

实验二十五　使用 8251A 的串行接口应用实验（二）——双机通信

一、实验目的

1. 掌握双机通信的原理和编程方法。

2. 进一步学习 8251A 的使用方法。

二、软、硬件环境

微机原理接口技术实验的实验环境如下。

1. 硬件环境

(1) 微型计算机（Intel x86 系列 CPU）一台。

(2) DVCC-8086JHN 实验平台。

2. 软件环境

(1) WindowsXP/Vista/7 等 32 位操作系统。

(2) DVCC-8086JHN 实验系统。

三、实验涉及的主要知识单元

同实验二十四。

四、实验内容与步骤

1. 实验内容

实验原理如图 7-52 所示，TXC 和 RXC 分别为 8251A 的发送时钟和接收时钟。它由片外 8253A 的 TCOUT1 提供。8251A 的片选地址为 050～05FH（系统中已连好）。本实验要求以查询方式进行收发。要完成本实验，需 2 台 DVCC-8086JHN 实验系统。其中一台为串行发送、一台为串行接收，在 1 号机上装串行发送程序，在 2 号机上装串行接收程序，则在 1 号机上键入的字符显示在 2 号机的显示器上。

由于本系统监控中已对 8253A、8251A 进行初始化，因此本实验可以直接进入对串行接口状态的查询。

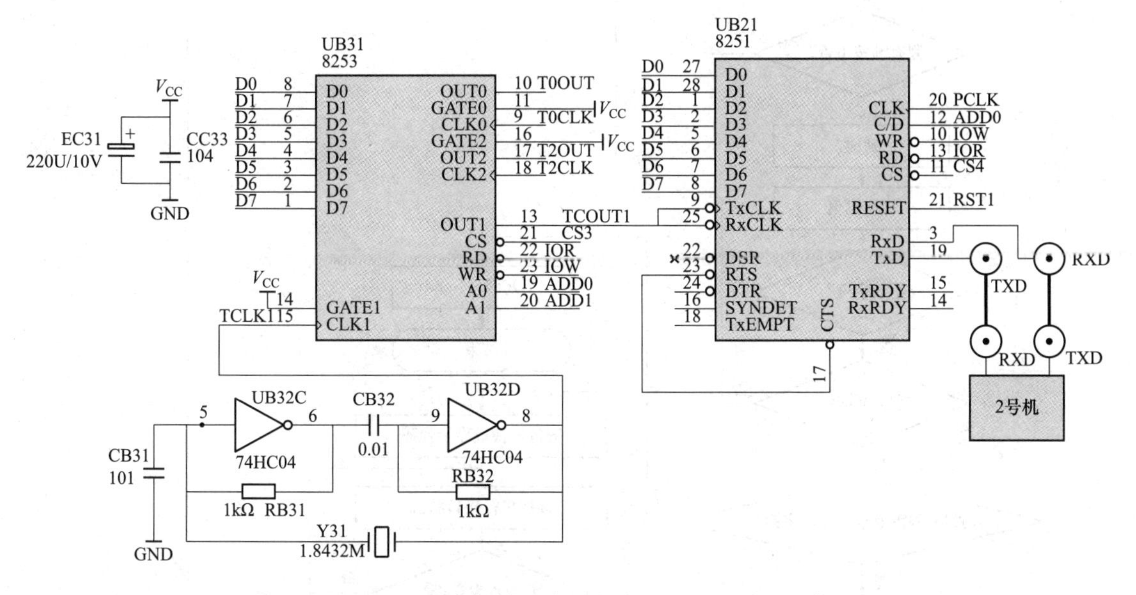

图 7-52　8251A 的串行接口应用实验（二）——双机通信原理

2. 实验步骤

（1）准备 2 台 DVCC-8086JHN，确定 1 号为发送，2 号为接收。

（2）将 1 号 RXD 插孔和 2 号的 TXD 插孔相连。

（3）将 1 号 TXD 插孔和 2 号的 RXD 插孔相连。

（4）将 1 号 GND 插孔和 2 号的 GND 插孔相连（共地）。

（5）先运行 2 号机，显示器显示“8251-2”，进入等待接收状态。

（6）再运行 1 号机，显示器显示“8251-1”，进入串行发送状态。

（7）在 1 号机的键盘上输入数字键，在 2 号机显示器上显示对应数字值。

（8）输入数字键后再按 EXEC 键，1 号机显示“8251 Good”。如果不输入数字键直接按 EXEC 键，则显示“Err”，如果双机通信不能正常进行，也显示“Err1”。

五、实验软件框图

发送程序流程，如图 7-53 所示。接收程序流程，如图 7-54 所示。

六、参考程序

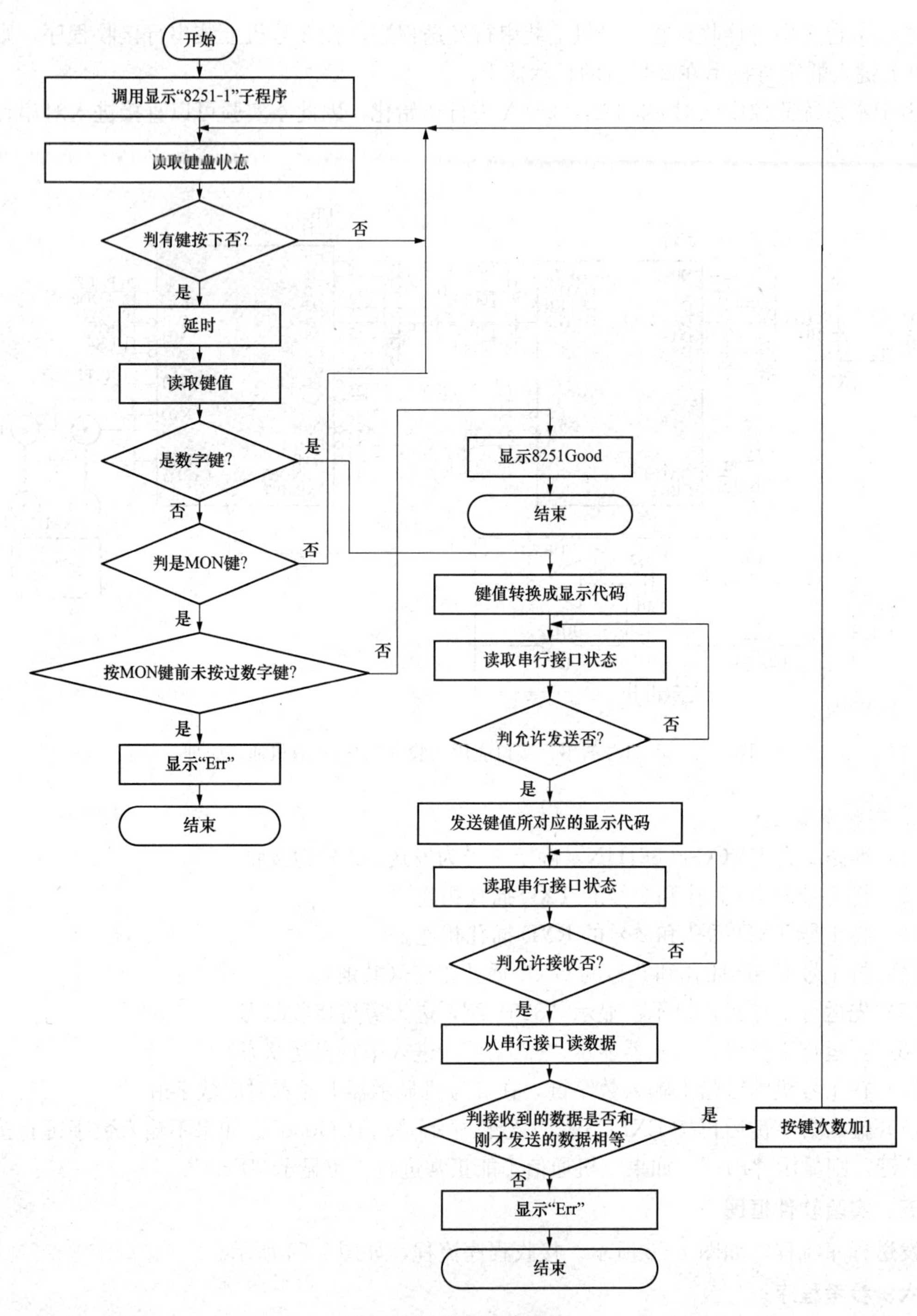

图 7-53　发送程序流程

七、实验结果

在 1 号机的键盘上输入数字键，在 2 号机显示器上显示对应数字值。

输入数字键后再按 EXEC 键，1 号机显示“8251 Good”。如果不输入数字键直接按 EXEC 键，则显示“Err”，如果双机通信不能正常进行，也显示“Err1”。

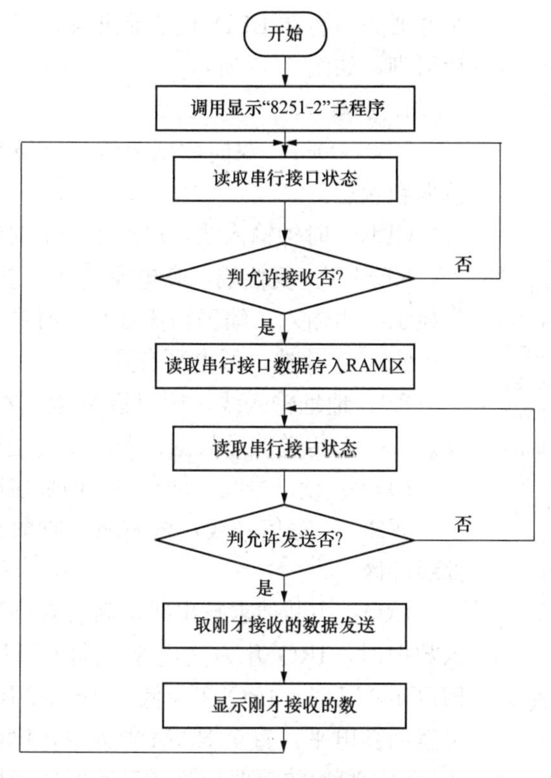

图 7-54　接收程序流程

实验二十六　8279A 可编程键盘显示接口实验

一、实验目的

1. 学习 8279A 与微机 8088 系统的接口方法。

2. 了解 8279A 用在译码扫描和编码扫描方式时的编程方法，以及 8088CPU 用查询方式和中断方式对 8279A 进行控制的编程方法。

二、软、硬件环境

微机原理接口技术实验的实验环境如下。

1. 硬件环境

(1) 微型计算机（Intel x86 系列 CPU）一台。

(2) DVCC-8086JHN 实验平台。

2. 软件环境

(1) WindowsXP/Vista/7 等 32 位操作系统。

(2) DVCC-8086JHN 实验系统。

三、实验涉及的主要知识单元

8279A 是一种通用的可编程键盘/显示器接口器件，可对 64 个开关矩阵组成的键盘进行自动扫描，接收键盘上的输入信息，存入内部的 FIFO 寄存器，并在有键输入时，CPU 请求中断。8279A 内部还有一个 16×8 的显示缓冲器，能对 8 位或 16 位 LED 自动扫描，使显示

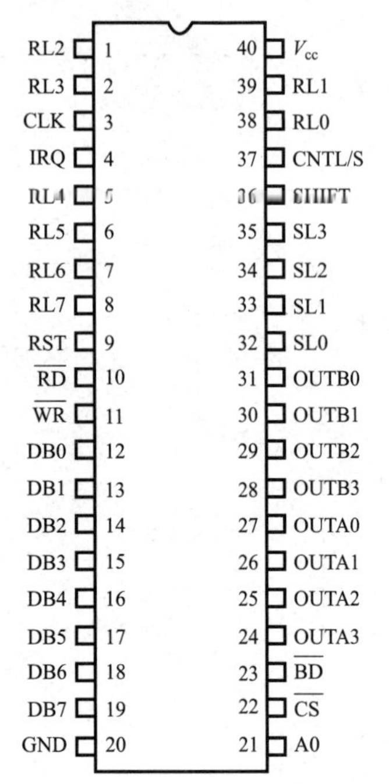

图 7-55　8279A 可编程键盘显示芯片引脚

缓冲器的内容在 LED 上显示出来。8279A 可编程键盘显示芯片引脚，如图 7-55 所示。

1. 引脚功能

DB0～DB7：双向数据总线，以便和 CPU 之间传递命令、数据和状态。

CLK：时钟输入线，以产生内部时钟。

RESET：复位线，高电平有效。复位后，8279A 置为 16 位显示左边输入，编码扫描键盘，时钟系数为 31。

CS＊：片选，低电平有效。

A0：地址输入线，用以区分数据线传送的是数据还是命令。A0＝0 传送的是数据；A0＝1 传送的是命令。

RD＊：读信号线，低有效，内部缓冲器信息送 DB0～DB7。

WR＊：写信号线，低有效。收数据总线上的信息写入内部缓冲区。

IRQ：中断请求输出线，高有效。当 FIFORAM 中有键输入数据时，IRQ 升为高电平，向 CPU 请求中断。CPU 读出 FIFORAM 时，IRQ 变为低电平，若 RAM 中还有数据，IRQ 又返回高电平，直至 RAM 中为空，IRQ 才保持低电平。

SL0～SL3：输出扫描线，用以对键盘/传感器矩阵和显示器进行扫描。

RL0～RL7：键盘/传感器矩阵的行（列）数据输入线。其内部有拉高电阻，使之保持高电平。

SHIFT：换挡输入线，内部有拉高电阻，使之保持高电平。

CNTL/STB：控制/选通输入线，内部有拉高电阻，使之保持高电平。

OUTA0～OUTA3：四位输出口。

OUTB0～OUTB3：四位输出口。

这两个口是 16×4 显示器更新寄存器的输出端，输出的数据和 SL0～SL3 上信号同步，用于多位显示器显示。

BD＊：显示消隐输出线，低电平有效。

V_{CC}：地。

2. 8279A 内部结构

8279A 可编程键盘显示芯片结构原理，如图 7-56 所示。

（1）8279A 内部具有时序控制逻辑，通过控制和时序寄存器存放键盘和显示器的工作方式和其他状态信息。内部还包含有 N 分频器，分频系数为 N，由 2～31 之间任一数可编程确定，对 CLK 上时钟进行 N 分频以产生基本的 100kHz 的内部计数信号（扫描时间为 5.1ms，去抖动时间为 10.3ms）。

（2）8279A 内部的扫描计数器有两种工作方式：一是编码方式，计数器以二进制方式计数，4 位计数器的状态直接从 SL0～SL3 上输出，由外部译码对 SL0～SL3 译码产生键盘和显示的扫描信号，高电平有效；二是译码方式，对计数器的低二位译码后从 SL0～SL3 上输出，作为 4×8 键盘和 4 位显示器的扫描信号，低电平有效。

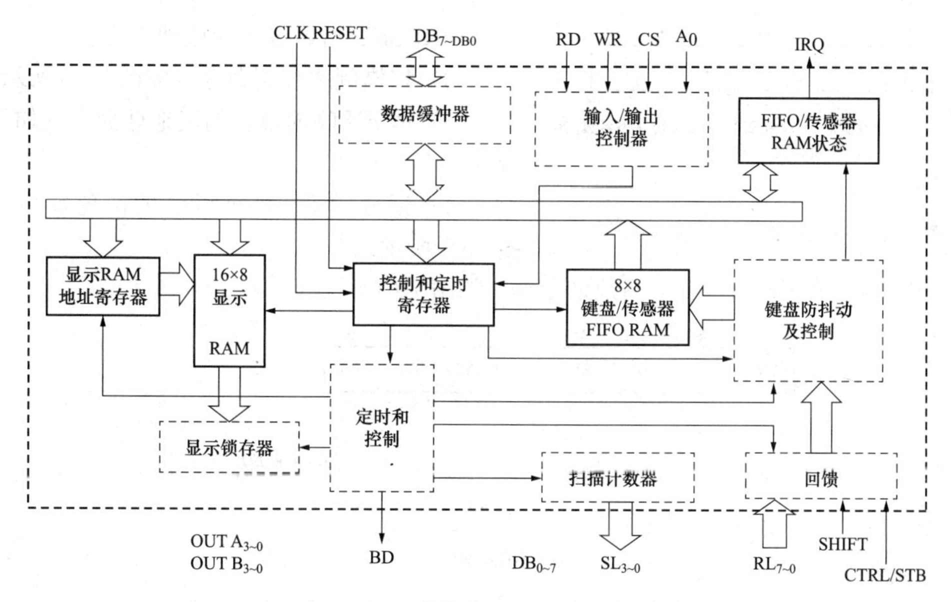

图 7-56　8279A 可编程键盘显示芯片结构原理

(3) 8279A 在键盘工作时，由输入缓冲区锁存 RL0～RL7 上的信息，以确定键入情况，其内部有去抖动电路（10ms）。

(4) FIFO/传感器 RAM：它是一个双功能 8×8RAM，在键盘和选通输入方式中，它是一个先进先出的数据缓冲器。当/CS=0，A0=1，/RD=0 时，读出 FIFO 的内容，FIFO 中有数据时，由控制电路发 IRQ 信号，在传感方式中，8×8RAM 用作传感器 RAM，当检测到某个传感器发生变化时，IRQ 上升为高电平。

(5) 显示地址寄存器和显示 RAM：用于存放 CPU 当前正在读写的显示 RAM 单元地址，以及正在显示的两个 4 位半字节地址。在选定了工作方式和地址后，CPU 可直接读出显示 RAM 中的内容。

3. 8279A 的控制命令

(1) 键盘显示方式设置命令（如图 7-57 所示）。

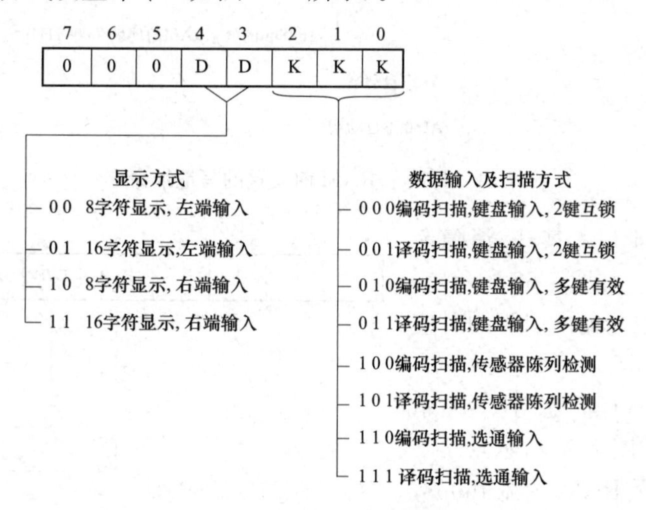

图 7-57　8279A 显示方式设置命令

＊RESET 后，设定为该种方式。

（2）扫描频率控制命令（如图 7-58 所示）。

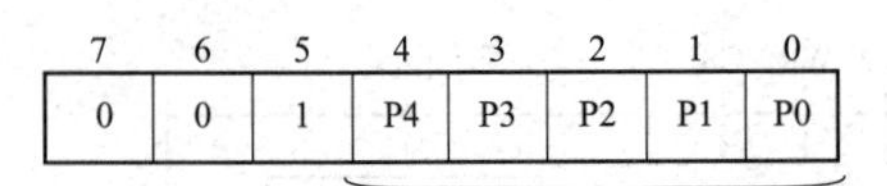

图 7-58　8279A 扫描频率控制命令

（3）读 FIFO 前设置的读地址命令（如图 7-59 所示）。

（4）读显示 RAM 前设置的读地址命令（如图 7-60 所示）。

（5）写显示 RAM 前设置的写地址命令（如图 7-61 所示）。

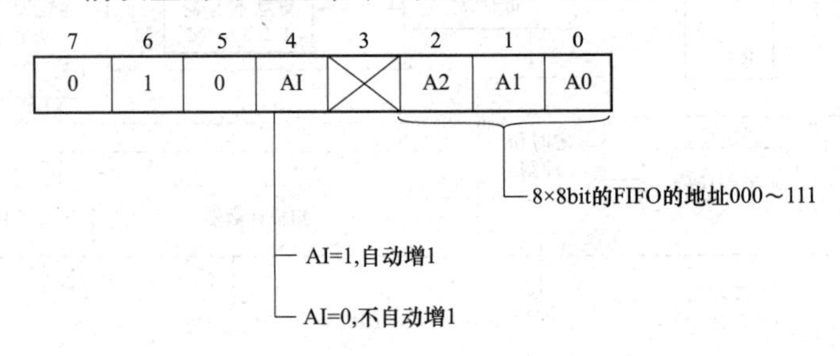

图 7-59　读 FIFO 前设置的读地址命令

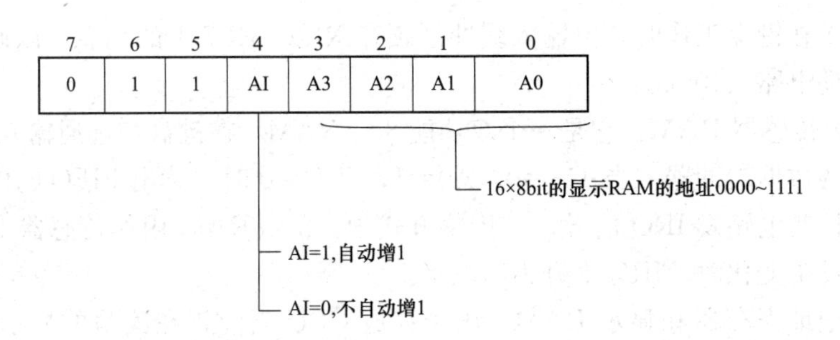

图 7-60　读显示 RAM 前设置的读地址命令

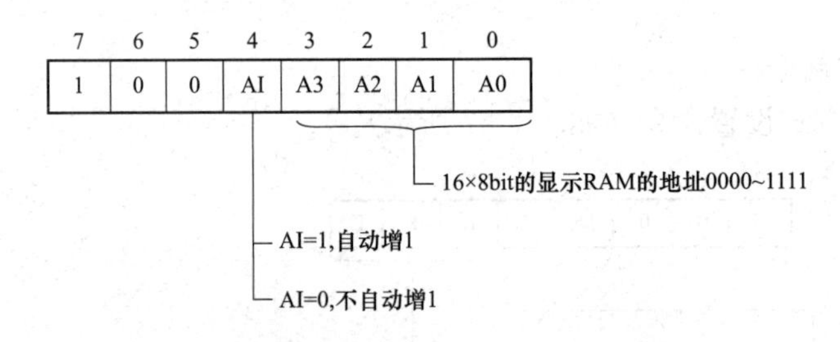

图 7-61　写显示 RAM 前设置的写地址命令

（6）显示 RAM 写入禁止/消隐命令（BCD 码显示用，如图 7-62 所示）。

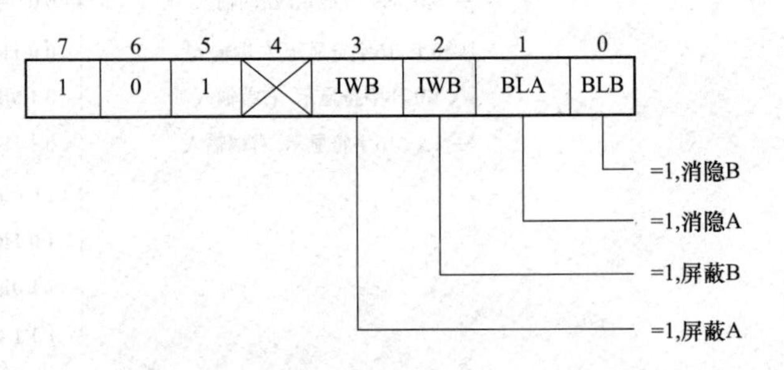

图 7-62　显示 RAM 写入禁止/消隐命令

显示 RAM 的位与输出引脚的对应关系，如图 7-63 所示。

（7）清除 FIFO 状态字、显示 RAM 清除命令（如图 7-64 所示）。

说明：清除显示 RAM 约需 160μs，此时 FIFO 状态字最高位 Du＝1，表示显示无效，CPU 不能向显示 RAM 写入数据。

（8）中断结束/出错方式设置命令（如图 7-65 所示）。

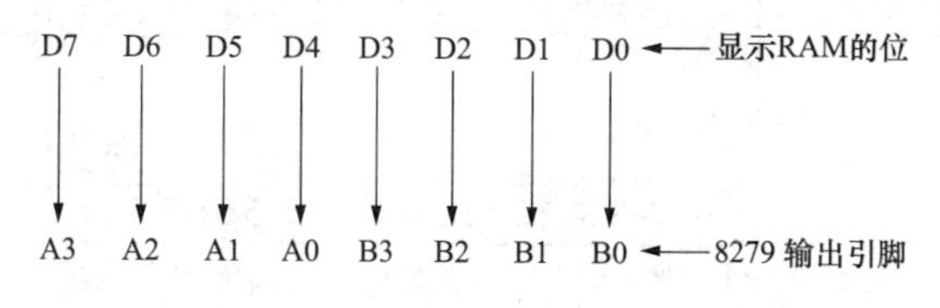

图 7-63　显示 RAM 的位与输出引脚的对应关系

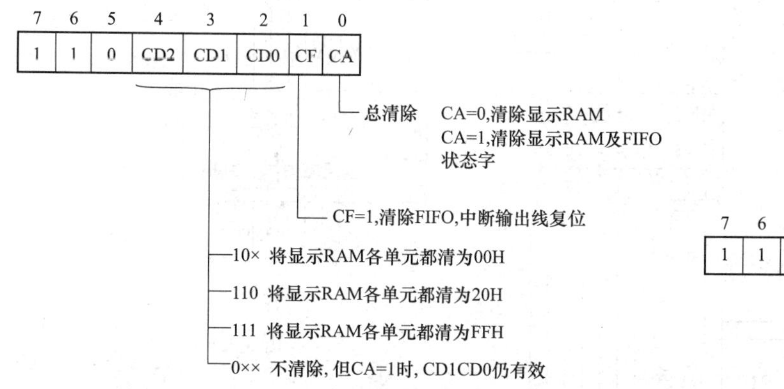

图 7-64　清除 FIFO 状态字、显示 RAM 清除命令

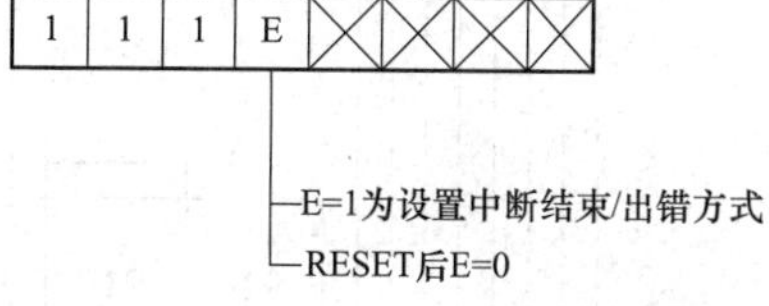

图 7-65　中断结束/出错方式设置命令

4. FIFO 状态字

FIFO 状态字，如图 7-66 所示。

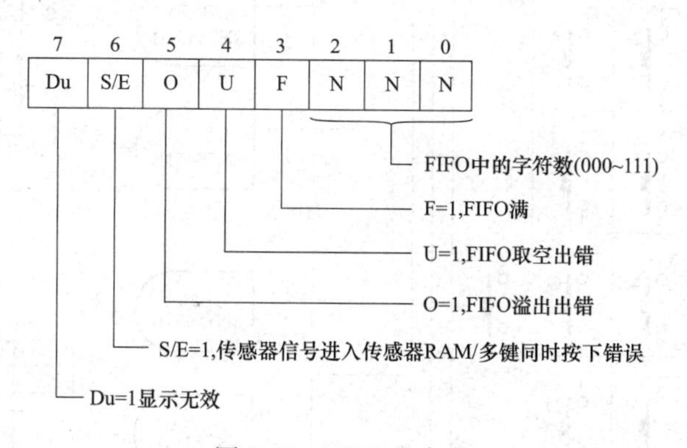

图 7-66　FIFO 状态字

FIFO 状态字由控制字口读入。

四、实验内容与步骤

实验原理如图 7-67 所示，系统中 8279A 接口芯片及其相关电路完成键盘扫描和显示，本实验以查询方式获取键盘状态信息，读取键值。键值转换成显示代码供显示。根据图 7-67，得到键值和键名的对照（见表 7-5），显示值和显示代码对照（见表 7-6）。

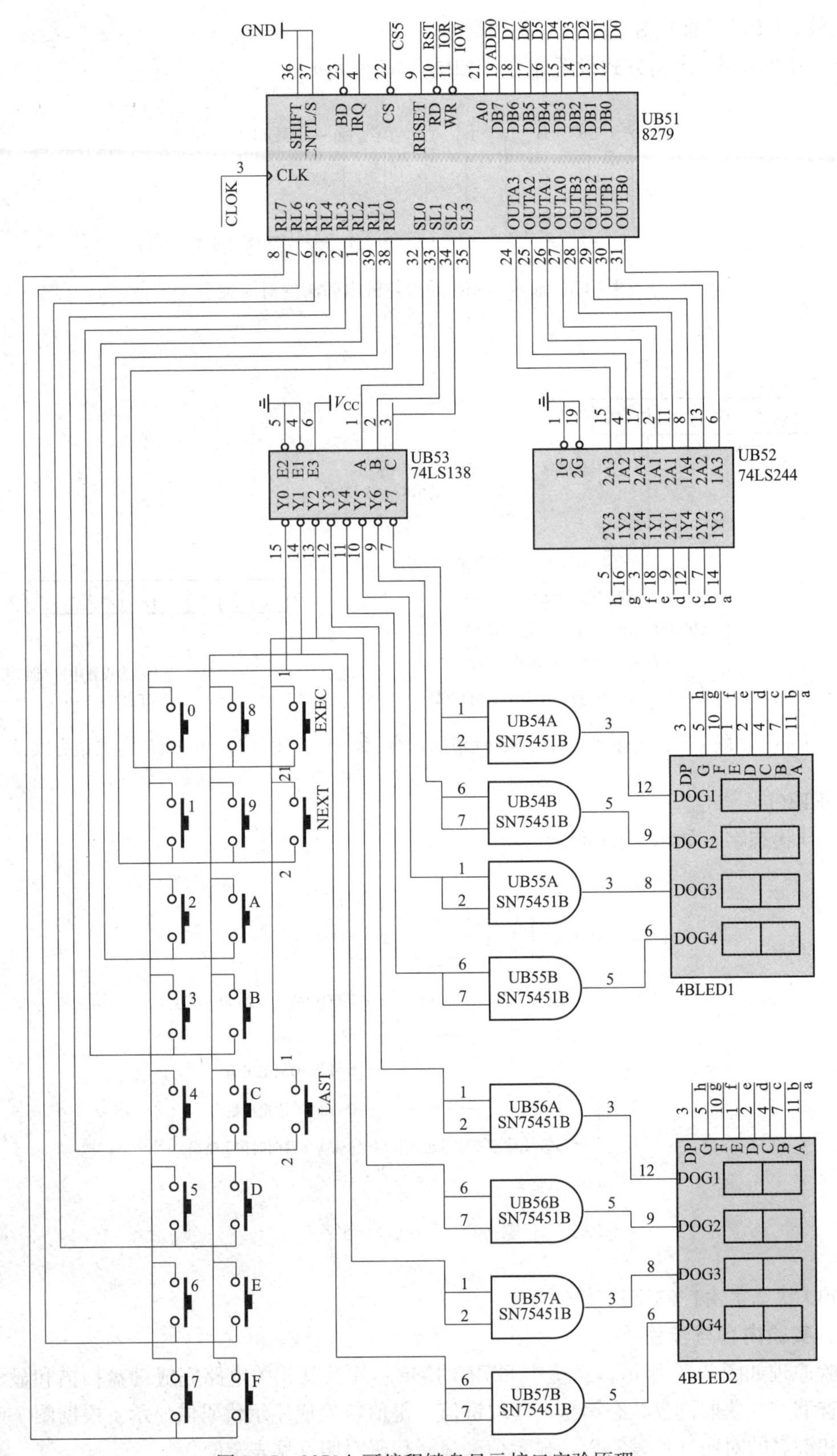

图 7-67 8279A 可编程键盘显示接口实验原理

表 7-5　　键值和键名的对照

键名	0	1	2	3	4	5	6	7	8	9	A
键值	00H	01H	02H	03H	04H	05H	06H	07H	08H	09H	0AH
键名	B	C	D	E	F	EXEC	NEXT			LAST	
键值	0BH	0CH	0DH	0EHH	0FH	10H	11H			15H	

表 7-6　　显示值和显示代码对照

显示值	0	1	2	3	4	5	6	7
显示代码	03H	06H	5BH	4FH	66H	6DH	7DH	07H
显示值	8	9	A	B	C	D	E	F
显示代码	7FH	6FH	77H	7CH	39H	5EH	79H	71H

五、实验程序框图

程序流程框图，如图 7-68 所示。

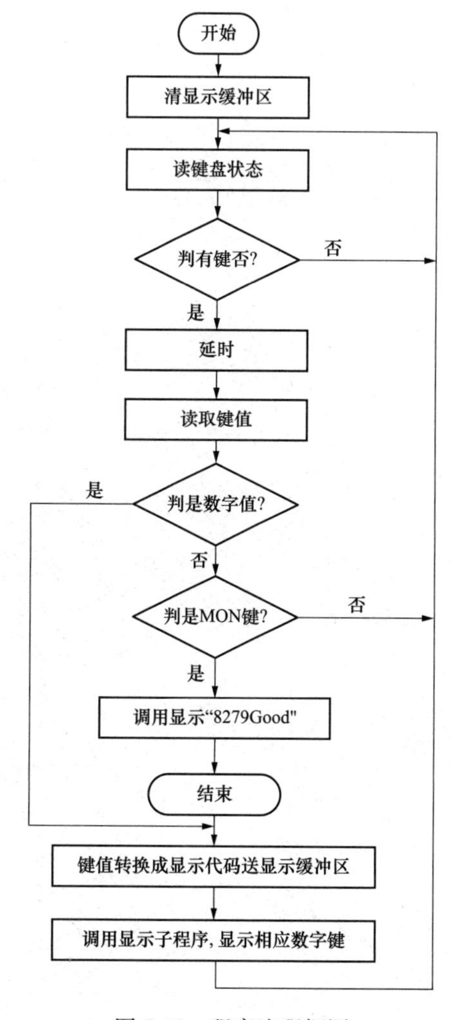

图 7-68　程序流程框图

六、参考程序

七、实验结果

在 DVCC-8086JHN 上显示“8279-1”。

在系统键盘上输入数字键，在系统显示器上显示相应数字，按 EXEC 键显示“8279 Good”，按其他键不予理睬。

第八章　微机原理综合应用实验

实验二十七　小直流电机调速实验

一、实验目的

1. 掌握直流电机的驱动原理。

2. 了解直流电机调速的方法。

二、软、硬件环境

微机原理接口技术实验的实验环境如下。

1. 硬件环境

（1）微型计算机（Intel x86 系列 CPU）一台。

（2）DVCC-8086JHN 实验平台。

2. 软件环境

（1）WindowsXP/Vista/7 等 32 位操作系统。

（2）DVCC-8086JHN 实验系统。

三、实验涉及的主要知识单元

1. 基本结构

定子：主磁极、换向磁极、机座、端盖、电刷装置。

转子：电枢铁芯、电枢绕组、换向装置、风扇、转轴气隙。

注意：同步电机——旋转磁极式；直流电机——旋转电枢式。

2. 基本工作原理

直流发电机：实质上是一台装有换向装置的交流发电机。

原理：导体切割磁力线产生感应电动势，$e=BLV$。

直流电动机：实质上是一台装有换向装置的交流电动机。

原理：带电导体在磁场中受到电磁力的作用并形成电磁转矩，推动转子转动起来，$f=BiL$。

说明：直流电机是可逆的，它们实质上是具有换向装置的交流电机。

直流电动机基本原理，如图 8-1 所示。

在励磁绕组中通入直流励磁电流建立 N 极和 S 极，当电刷间加直流电压时，将有电流通过电刷流入电枢导体，图 8-1（a）所示导体 a-b 中电流 I_a 的方向由 a 指向 b，根据左手定则，将受到电磁转矩的作用，使线圈逆时针方向旋转；由于 A 电刷总与 N 极下的导体相连，B 电刷总与 S 极下的导体相连，当导体转过 180°时，如图 8-1（b）所示，导体 a-b 中 I_a 的方向被及时改变成由 b 指向 a，所受的电磁转矩依然使导体按原方向旋转。

3. 直流电机的励磁方式

直流电机的励磁方式，如图 8-2 所示。

定义：主磁极的励磁绕组所取得直流电源的方式。

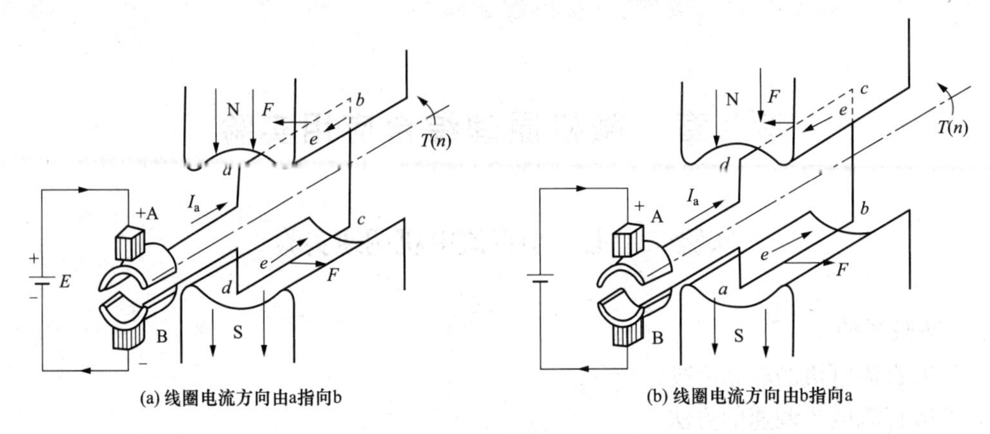

图 8-1　直流电动机基本原理

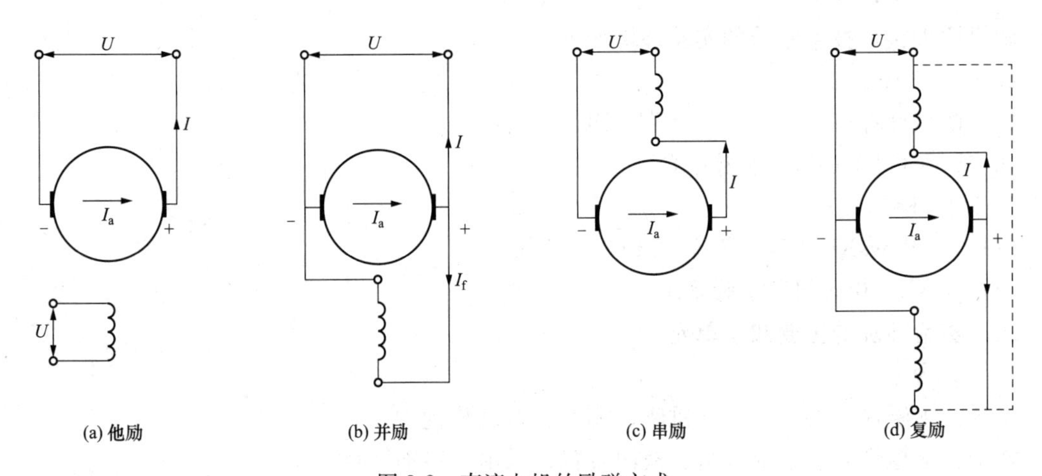

图 8-2　直流电机的励磁方式

分类：以直流发电机为例，分为他励式和自激式（包括并励式、串励式和复励式）。

他励：励磁电流较稳定；并励：励磁电流随电枢端电压而变；串励：励磁电流随负载而变，由于励磁电流大，励磁绕组的匝数少而导线截面积较大；复励：以并激绕组为主，以串励绕组为辅。

说明：为减小体积，小型直流电机采用永磁式。

四、实验内容与步骤

1. 实验内容

用 DAC0832D/A 转换电路的输出，经放大后驱动直流电机，实验原理如图 8-3 所示。编制程序，改变 DAC0832 输出经放大后的方波信号的占空比来控制电机转速。

2. 实验步骤

（1）DAC0832 的片选信号 CS-0832 连到译码输出 Y6，用二芯连接线将 2 个 DM 插座相连，将 0832 输出经放大后的模拟电压输出端 OUT2 连到 DM 插座旁边的 DJ 插孔上。确认连线正确性。

（2）从起始地址开始连续运行程序。

（3）观察直流电机的转速（应有正转和反转）。

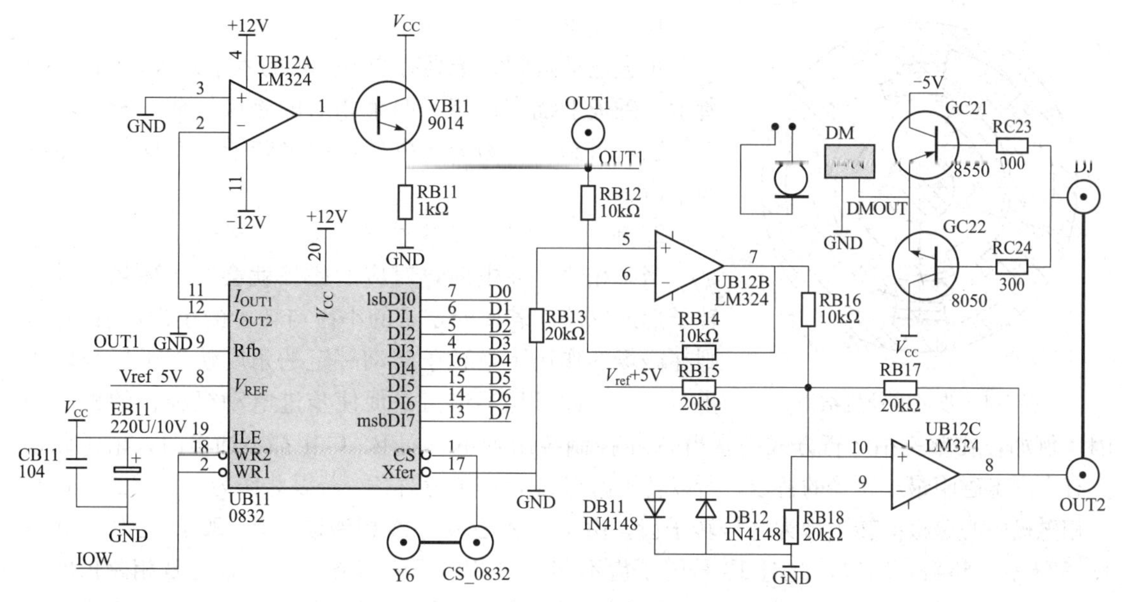

图 8-3　小直流电机调速实验原理

五、实验结果

直流电机的转速（应有正转和反转）。

六、参考程序

实验二十八　步进电动机控制实验

一、实验目的

1. 了解步进电动机控制的基本原理。

2. 掌握步进电动机转动编程方法。

二、软、硬件环境

微机原理接口技术实验的实验环境如下。

1. 硬件环境

（1）微型计算机（Intel x86 系列 CPU）一台。

（2）DVCC-8086JHN 实验平台。

2. 软件环境

（1）WindowsXP/Vista/7 等 32 位操作系统。

（2）DVCC-8086JHN 实验系统。

三、实验涉及的主要知识单元

步进电动机是把电脉冲信号变换成角位移以控制转子转动的微特电动机。在自动控制装置中作为执行元件。每输入一个脉冲信号，步进电动机前进一步，故又称脉冲电动机。步进电动机多用于数字式计算机的外部设备，以及打印机、绘图机和磁盘等装置。

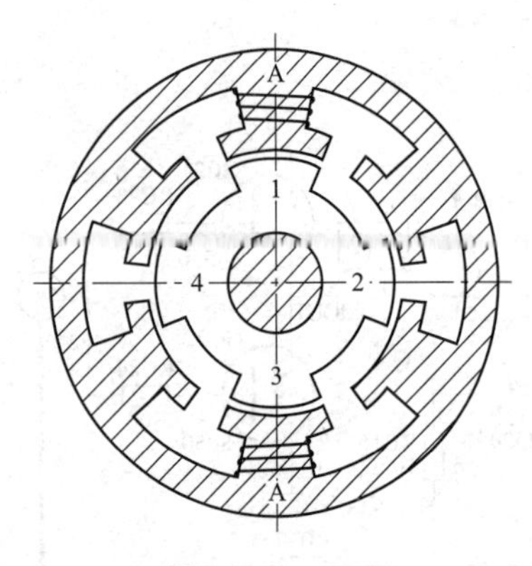

图 8-4 步进电动机结构

1. 步进电动机的结构

步进电动机的定子具有均匀分布的六个磁极，如图 8-4 所示，磁极上绕有绕组，两个相对的磁极组成一相。转子由铁磁材料制成，为分析方便，假定转子具有均匀分布的四个齿。

2. 步进电动机的工作原理

当某相绕组通电时，对应的磁极就会产生磁场，并与转子形成磁路。若此时定子的小齿与转子的小齿没有对齐，则在磁场的作用下，转子转动一定的角度使转子齿与定子齿对应。由此可见，错齿是促使步进电动机旋转的根本原因。例如，在单三拍运行方式中，当 A 相控制绕组通电，而 B、C 相都不通电时，由于磁通具有力图走磁阻最小路径的特点，所以转子齿与 A 相定子齿对齐。若以此作为初始状态，设与 A 相磁极中心磁极的转子齿为 0 号转子齿，由于 B 相磁极与 A 相磁极相差 120°，且 120°/9°=13.333 不为整数，所以，此时 13 号转子齿不能与 B 相定子齿对齐，只是靠近 B 相磁极的中心线，与中心线相差 3°。如果此时突然变为 B 相通电，而 A、C 相都不通电，则 B 相磁极迫使 13 号小齿与之对齐，整个转子就转动 3°。此时称电动机走了一步，如图 8-5 所示。

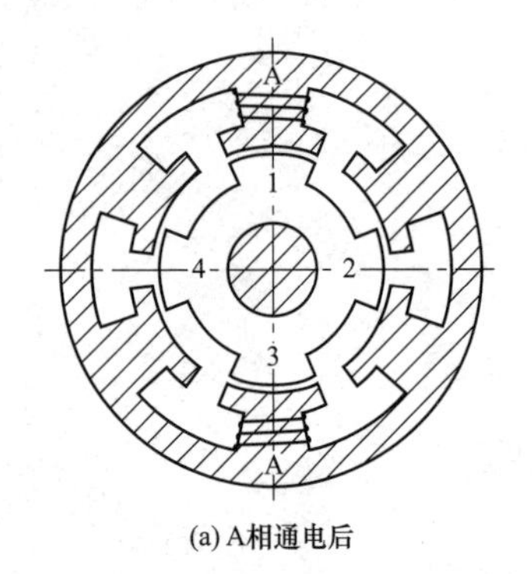

(a) A相通电后

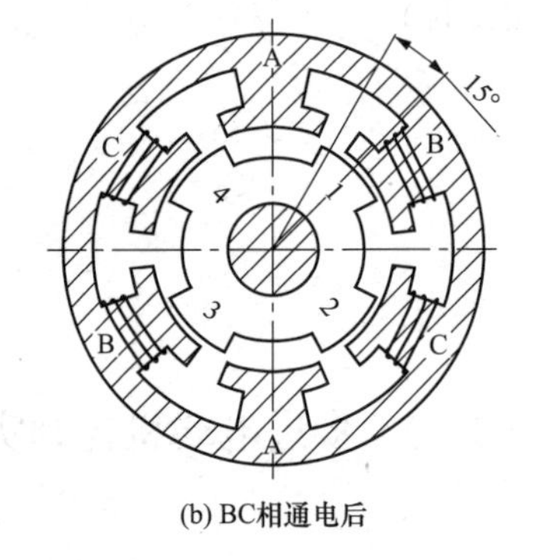

(b) BC相通电后

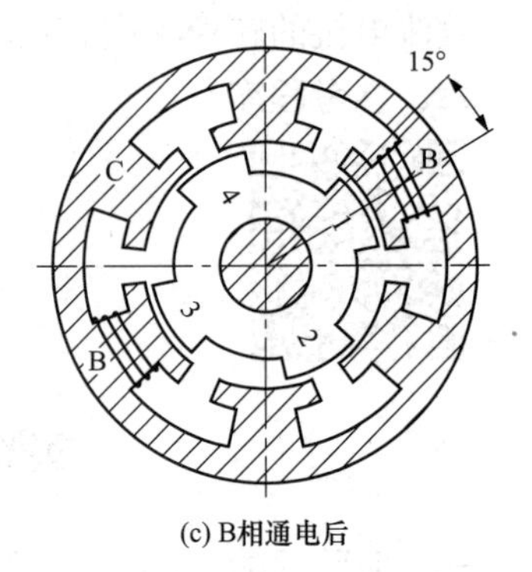

(c) B相通电后

图 8-5 步进电动机剖面结构

同理，我们按照 A→B→C→A 顺序通电一周，则转子转动 9°。转速取决于各控制绕组通电和断电的频率（即输入脉冲频率），旋转方向取决于控制绕组轮流通电的顺序。如上述绕组通电顺序改为 A→C→B→A…则电机转向相反。

这种按 A→B→C→A…方式运行的称为三相单三拍，“三相”是指步进电动机具有三相定子绕组，“单”是指每次只有一相绕组通电，“三拍”是指三次换接为一个循环。

此外，三相步进电动机还可以三相双三拍和三相六拍方式运行。三相双三拍就是按 AB→BC→CA→AB…方式供电。与单三拍运行时一样，每一循环也是换接 3 次，共有 3 种通电状态，不同的是每次换接都同时有两相绕组通电。三相六拍的供电方式是 A→AB→B→BC→C→CA→A…每一循环换接六次，共有六种通电状态，有时只有一相绕组通电，有时有两相绕组通电。

步进电动机的驱动电源由变频脉冲信号源、脉冲分配器及脉冲放大器组成，由此驱动电源向电动机绕组提供脉冲电流。步进电动机的运行性能决定于电动机与驱动电源间的良好配合。

步进电动机的优点是没有累积误差、结构简单、使用维修方便、制造成本低，步进电动机带动负载惯量的能力大，适用于中小型机床和速度精度要求不高的地方，缺点是效率较低、发热大，有时会“失步”。

3. 步进电动机励磁方式

步进电动机有三线式、五线式、六线式三种，但其控制方式均相同，必须以脉冲电流来驱动。若每旋转一圈以 20 个励磁信号来计算，则每个励磁信号前进 18°，其旋转角度与脉冲数成正比，正、反转可由脉冲顺序来控制。

步进电动机的励磁方式可分为全步励磁及半步励磁，其中全步励磁又有 1 相励磁及 2 相励磁之分，而半步励磁又称 1-2 相励磁。每输出一个脉冲信号，步进电动机只走一步。因此，依序不断送出脉冲信号，即可使步进电动机连续转动。

（1）1 相励磁法：在每一瞬间只有一个线圈导通。消耗电力小、精确度良好，但转矩小、振动较大，每送一励磁信号可走 18°。若欲以 1 相励磁法控制步进电动机正转，其励磁顺序见表 8-1。若励磁信号反向传送，则步进电动机反转。

励磁顺序：A→B→C→D→A。

表 8-1　　单相励磁顺序

STEP	A	B	C	D
1	1	0	0	0
2	0	1	0	0
3	0	0	1	0
4	0	0	0	1

（2）2 相励磁法：在每一瞬间会有两个线圈同时导通。因其转矩大、振动小，故为目前使用最多的励磁方式，每送一励磁信号可走 18°。若以 2 相励磁法控制步进电动机正转，其励磁顺序见表 8-2。若励磁信号反向传送，则步进电动机反转。

励磁顺序：AB→BC→CD→DA→AB。

表 8-2　　双相励磁顺序

STEP	A	B	C	D
1	1	1	0	0
2	0	1	1	0
3	0	0	1	1
4	1	0	0	1

（3）1-2 相励磁法：为 1 相与 2 相轮流交替导通。因分辨率提高，且运转平滑，每送一励磁信号可走 9°，故也广泛被采用。若以 1 相励磁法控制步进电动机正转，其励磁顺序见表 8-3。若励磁信号反向传送，则步进电动机反转。

励磁顺序：A→AB→B→BC→C→CD→D→DA→A。

表 8-3　　单双八拍励磁顺序

STEP	A	B	C	D
1	1	0	0	0
2	1	1	0	0
3	0	0	1	0
4	0	1	1	0

续表

STEP	A	B	C	D
5	0	0	1	0
6	0	0	1	1
7	0	0	0	1
8	1	0	0	1

电动机的负载转矩与速度成反比，速度越快负载转矩越小，当速度快至其极限时，步进电动机即不再运转。所以在每走一步后，程序必须延时一段时间。

四、实验内容与步骤

1. 实验内容

步机电动机驱动原理是通过对它每相线圈中电流顺序切换，使电动机做步进式旋转。驱动电路由脉冲信号来控制，所以调节脉冲信号的频率便可改变步进电动机的转速，用微电脑控制步进电动机最适合。用 74LS273 挂接在数据总线上，输出控制脉冲，由 UN2003 驱动步进电动机转动。硬件线路原理如图 8-6 所示。

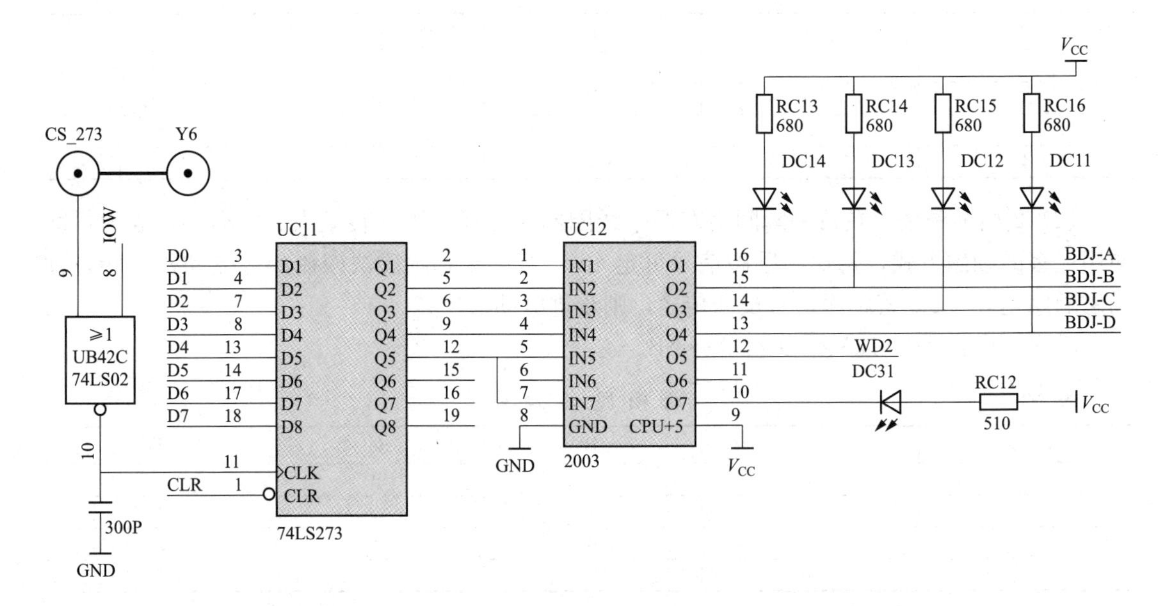

图 8-6 步进电动机硬件线路原理

2. 实验步骤

(1) 按图连好实验线路图，用五芯连接线将 2 个 J1 插座相连，将 CS-273 连到 Y6。

(2) 运行实验程序，观察步进电动机转动情况。

五、参考程序

实验二十九　继电器控制实验

一、实验目的

掌握用继电器控制的基本方法和编程。

二、软、硬件环境

微机原理接口技术实验的实验环境如下。

1. 硬件环境

（1）微型计算机（Intel x86 系列 CPU）一台。

（2）DVCC-8086JHN 实验平台。

2. 软件环境

（1）WindowsXP/Vista/7 等 32 位操作系统。

（2）DVCC-8086JHN 实验系统。

三、实验涉及的主要知识单元

现代自动化控制设备中都存在一个电子与电气电路的互相连接问题，一方面要使电子电路的控制信号能够控制电气电路的执行元件（电动机、电磁铁、电灯等）；一方面又要为电子电路的电气提供良好的电隔离，以保护电子电路和人身的安全，电子继电器便能完成这一桥梁作用。

1. 继电器结构

（1）电磁系统。电磁系统由线圈、动铁芯和静铁芯等组成。在铁芯上装有一个短路铜环，其作用是减少接触器吸合时产生的振动和噪声，故又称减振环。

（2）触点系统。触点系统分主触点和辅助触点。主触点用以通断电流较大的主电路，一般由三对动合触点组成；辅助触点用以通断电流较小的控制电路，通常有动合和动断各两对触点。

（3）灭弧装置。

1）电动力灭弧：电弧在触点回路电流磁场的作用下，受到电动力作用拉长，并迅速移开触点而熄灭。

2）栅片灭弧：电弧在电动力的作用下，进入由许多间隔着的金属片所组成的灭弧栅之中，电弧被栅片分割成若干段短弧，使每段短弧上的电压达不到燃弧电压，同时栅片具有强烈的冷却作用，致使电弧迅速熄灭。

2. 工作原理与型号含义

线圈得电后，产生的磁场将铁芯磁化，吸引动铁芯，克服反作用弹簧的弹力，使它向着静铁芯运动，拖动触点系统运动，使动合触点闭合、动断触点断开。一旦电源电压消失或显著降低，以致电磁线圈没有励磁或励磁不足，动铁芯就会因电磁吸力消失或过小而在反作用弹簧的弹力作用下释放，使得动触点与静触点脱离，触点恢复线圈未通电时的状态。

中间继电器一般用来控制各种电磁线圈使信号得到放大，或将信号同时传给几个控制元件，也可代替接触器控制额定电流较小的电动机控制系统。中间继电器的工作原理与小型交流接触器基本相同，只是它的触点没有主、辅之分，每对触点允许通过的电流大小相同。

选用中间继电器的主要依据是控制电路的电压等级，同时还要考虑所需触点数量、种类及容量是否满足控制线路的要求。

继电器结构和原理示意，如图 8-7 所示。

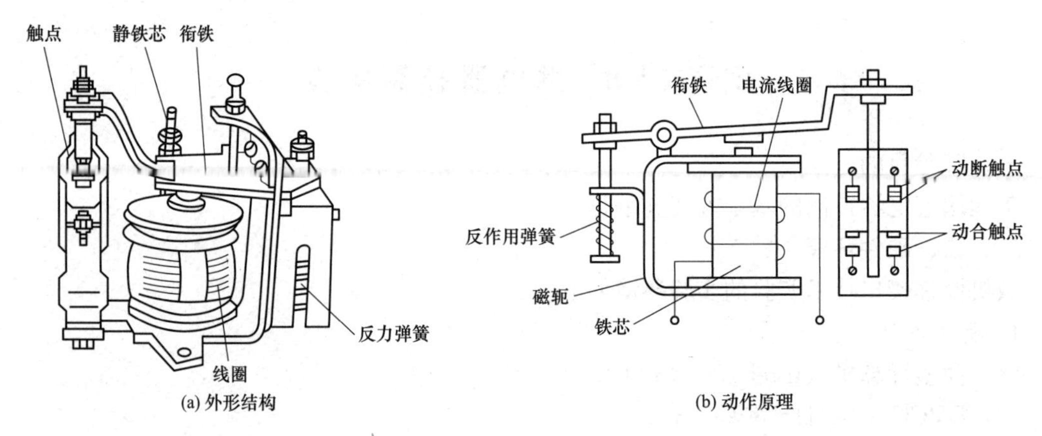

图 8-7 继电器结构和原理示意

四、实验内容与步骤

1. 实验内容

利用 8255A PB0 输出高、低电平，控制继电器的开合，以实现对外部装置的控制，硬件线路原理如图 8-8 所示。

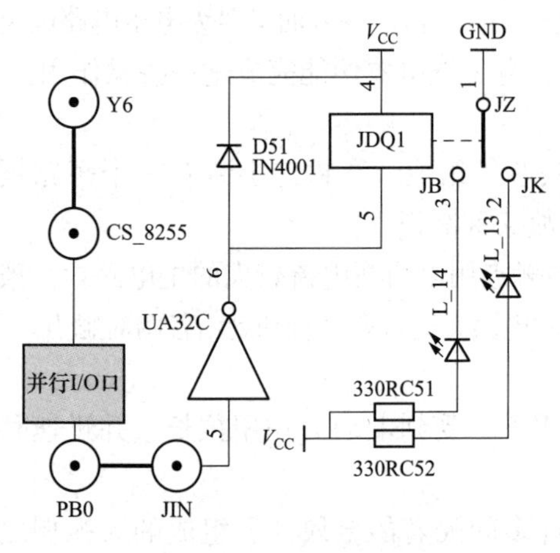

图 8-8 继电器硬件线路原理

2. 实验步骤

（1）按原理图连好实验线路图。8255A 的 PB0 连 JIN 插孔，将 CS-8255 连到 Y6。

（2）运行实验程序，观察继电器和小灯状态。

五、参考程序

六、实验结果

继电器应循环吸合，L-13 和 L-14 交替亮灭。

实验三十 存储器读写实验

一、实验目的

1. 熟悉静态 RAM 的使用方法，掌握 8088 微机系统扩展 RAM 的方法。

2. 熟悉静态 RAM 读写数据编程方法。

二、软、硬件环境

微机原理接口技术实验的实验环境如下。

1. 硬件环境

（1）微型计算机（Intel x86 系列 CPU）一台。

（2）DVCC-8086JHN 实验平台。

2. 软件环境

（1）WindowsXP/Vista/7 等 32 位操作系统。

（2）DVCC-8086JHN 实验系统。

三、实验涉及的主要知识单元

1. 存储器的分类

存储器的分类，如图 8-9 所示。

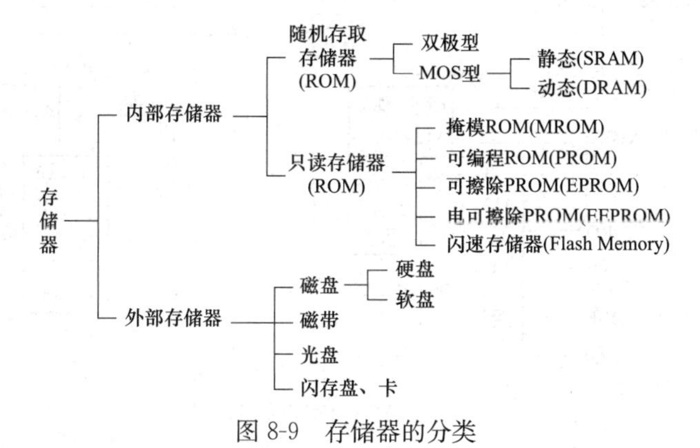

图 8-9　存储器的分类

2. 设计接口应考虑的问题

设计微机系统时，存储器应与地址、数据、控制总线正确连接，并应考虑。

（1）CPU 总线的负载能力，总线和负荷间加总线驱动器。

（2）CPU 时序与存储器存取速度间的配合。

（3）存储器的地址分配和容量的扩展，考虑容量的扩充方案和片选信号的形成。

（4）控制信号的连接，CPU 控制信号与存储器相关信号正确连接。

3. 存储器接口设计

（1）存储空间的扩展。

1）位扩展。

2）字扩展。

3）字位扩展。

（2）形成片选信号的三种方法。

1）线选法。

2）部分译码法。

3）全译码法。

当 8086 与存储器相连，还要考虑存储器有奇、偶地址问题；系统中有 RAM、ROM 两种存储器，RAM 要用读/写控制信号，ROM 只能接读控制信号；若各存储芯片容量不同，还需二级译码。

8086 存储器接口设计，如图 8-10 所示。

四、实验内容与步骤

1. 实验内容

对指定地址区间的 RAM（2000H～23FFH）先进行写数据 55AAH，然后将其内容读出再写到 3000H～33FFH 中。

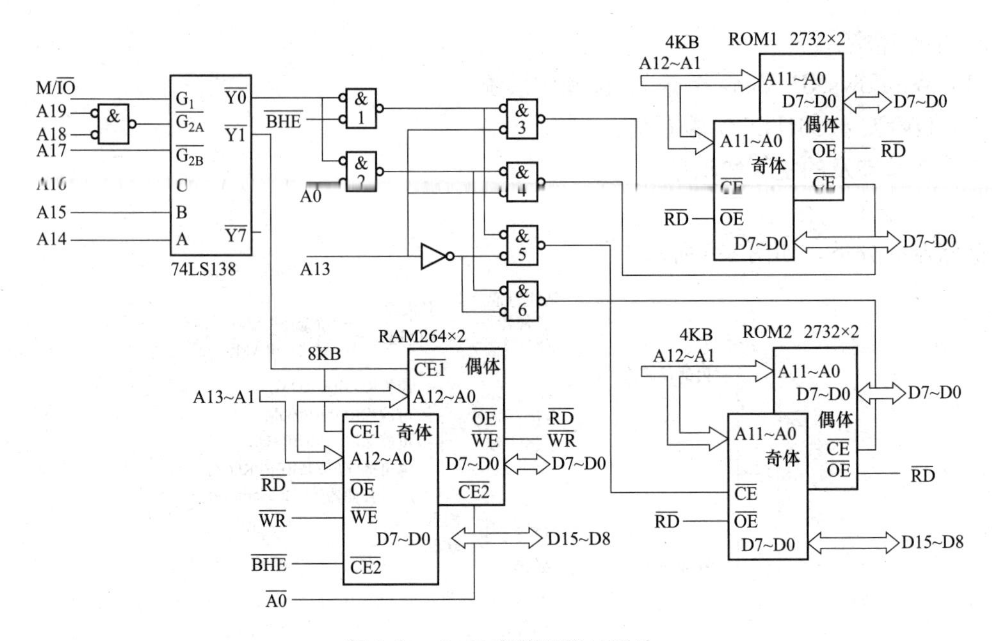

图 8-10 8086 存储器接口设计

2. 实验步骤

(1) 硬件电路（系统中已连接好）。

(2) 运行实验程序，稍后按 RESET 键退出，用存储器读方法检查 2000H～23FFH 中的内容和 3000～33FF 中的内容应都是 55AA。

五、参考程序

六、实验结果

按 RESET 键退出，用存储器读方法检查 2000H～23FFH 中的内容和 3000～33FF 中的内容应都是 55AA。

实验三十一 使用 8237A 可编程 DMA 控制器实验

一、实验目的

1. 掌握 8237A 可编程 DMA 控制器和微机的接口方法。

2. 学习使用 8237A 可编程控制器，实现数据直接快速传送的编程方法。

二、软、硬件环境

微机原理接口技术实验的实验环境如下。

1. 硬件环境

(1) 微型计算机（Intel x86 系列 CPU）一台。

（2）DVCC-8086JHN 实验平台。

2. 软件环境

（1）WindowsXP/Vista/7 等 32 位操作系统。

（2）DVCC-8086JHN 实验系统。

三、实验涉及的主要知识单元

DMA——存储器直接访问技术，用以实现高速 CPU 和高速外设之间的大量数据传输。利用 DMA 方式传送数据时，数据的传送过程完全由硬件控制。其工作过程如下。

（1）外设向 DMA 控制器发 DMA 请求。

（2）DMA 控制器向 CPU 发请求。

（3）CPU 执行完现行的总线周期，向 DMA 控制器发回答信号。

（4）CPU 出让数据、地址及控制总线，由 DMA 控制接管。

（5）进行 DMA 传输，传输的内存地址、字节数由 DMA 控制器控制。

（6）规定的字节数传完，DMA 撤销向 CPU 的请求信号，CPU 重新控制总线。

当然，据此 DMA 传送不仅适用于高速外设和存储器间的数据传递，也适用于存储器与存储器间、外设与外设之间的数据传送。

1. 8237A 可编程 DMA 控制器结构和信号名称

8237A 可编程 DMA 控制器结构原理如图 8-11 所示。主要有以下几部分组成。

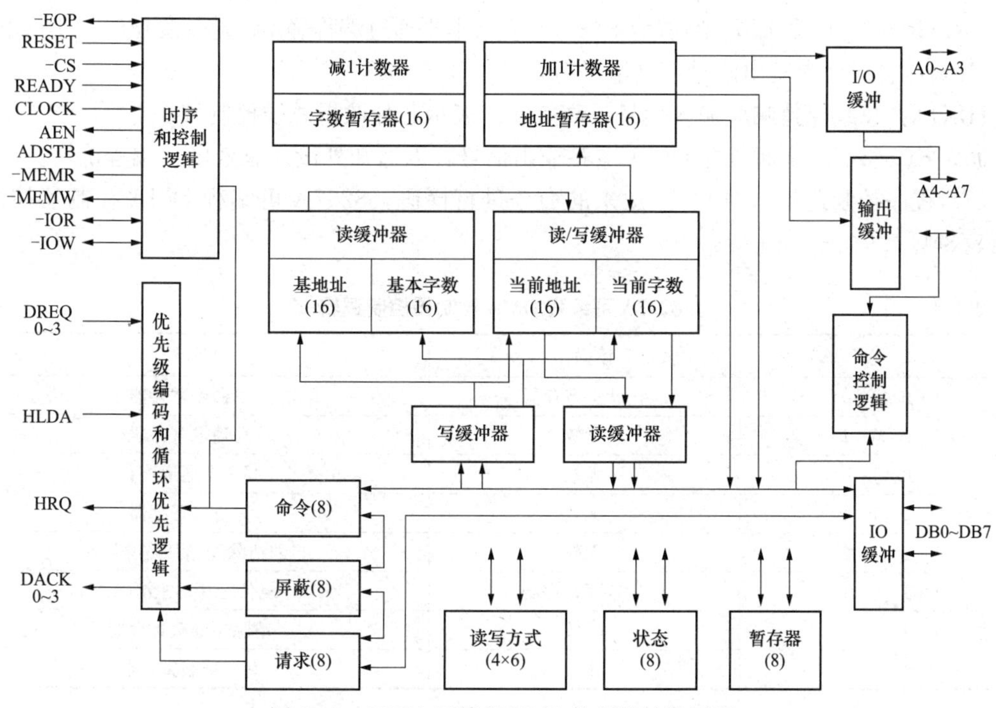

图 8-11　8237A 可编程 DMA 控制器结构原理

（1）时序和控制逻辑：接收外部时钟及片选信号，产生内部时序和读写控制信号及地址输出信号。

CLK：外时钟输入，控制数据传输速率。

/CS：片选低有效。

RESET：复位输入，高有效，置位屏蔽寄存器，清除其余寄存器。

READY：准备好信号，高有效。当选用慢速器件时，需延长总线周期，逼使 READY 为低，一旦传输完成，READY 变高，表示准备好，可以进行下一次传输。

AEN：地址允许输出，高有效。

/MEMR：存储器读输出，低有效（三态）。

/MEMW：存储器写输出，低有效（三态）。

/IOR：输入/输出口读，为双向三态，低有效。在空闲周期作为输入，用于读取内部寄存器；在芯片操作期，作为输出，从输入/输出器件读出数据。

/IOW：输入/输出写，双向三态，低有效。在芯片空闲周期，作为输入信号，用于 CPU 将信息写入内部寄存器；在芯片操作周期，作为输出信号，将数据写入输入/输出器件中。

EOP：过程结束双向信号线，低有效。当外部信号加到 EOP 脚时，DMA 传输被终止；任一通道上当计数终止时，产生一个有效的 EOP 输出信号。终止 DMA 服务并复位内部寄存器。

（2）优先级编码逻辑：对同时提出的多个 DMA 通道进行优先级排队。8237A 有两种优先级编码（固定优先级和循环优先级）。

固定优先级：通道 0 最高，依次类推。

循环优先级：本次循环中，最近的一次服务的通道在下次循环中变成最低。

DREQ0～3：四个 DMA 通道请求信号，有效电平通过编程确定，芯片复位时处于低电平。

HRQ：总线请求输出信号，高电平有效。

HLDA：总线保持响应输入信号，高有效。表示芯片取得总线控制权。

DACK0～3：四个通道的 DMA 应答输出信号，以通知外设。有效电平编程确定。

（3）程序控制逻辑：对 CPU 送来的命令进行译码，8237A 可编程 DMA 控制器控制逻辑见表 8-4。

表 8-4　　8237A 可编程 DMA 控制器控制逻辑

A3　A2　A1　A0	读操作	写操作
1　0　0　0	读状态寄存器	写命令寄存器
1　0　0　1	无效	写请求寄存器
1　0　1　0	无效	写单个通道屏蔽
1　0　1　1	无效	写方式寄存器
1　1　0　0	无效	清除先/后触发器
1　1　0　1	读暂存寄存器	复位芯片（主清除）
1　1　1　0	无效	清除主屏蔽寄存器
1　1　1　1	无效	写主屏蔽寄存器

（4）数据、地址缓冲器组。

A0～A3：最低四位地址线，双向三态。芯片空闲周期，作为输入线，用于对芯片内部寄存器的寻址；在芯片操作周期，作为输出信号，提供低 4 位地址。

A4～A7：高四位地址线，输出三态。在芯片操作周期，提供高 4 位地址。

DB0～B7：8 位双向数据线。在芯片空闲周期，经/IOR 命令，将内部寄存器值送到系统总线上；而在/IOW命令下，由CPU写内部寄存器；在芯片操作周期，作为高8位地址，经数据缓冲器送到地址总线上，并由ADSTB选通到外部锁存器，与A7～A0组成16位地址。在芯片处理存储器～存储器传送期间，存储器的读出数据经数据总线送入数据缓冲器；然后在存储器写周期，此数据经数据总线装入存储器的新单元里。

2. 8237A可编程DMA控制器内部寄存器及其功能（见表8-5）

表8-5　8237A可编程DMA控制器内部寄存器及其功能

地址	功能
00H	通道0基地址寄存器和当前地址计数器
01H	通道0基字节寄存器和当前字节计数器
02H	通道1基地址寄存器和当前地址计数器
03H	通道1基字节寄存器和当前字节计数器
04H	通道2基地址寄存器和当前地址计数器
05H	通道2基字节寄存器和当前字节计数器
06H	通道3基地址寄存器和当前地址计数器
07H	通道3基字节寄存器和当前字节计数器
08H	命令寄存器（写）/状态寄存器（读）
09H	请求寄存器（只写）
0AH	屏蔽位寄存器（只写）
0BH	方式寄存器（只写）
0CH	清先/后触发器（只写）
0DH	总清除（只写）
0EH	清除主屏蔽寄存器（只写）
0FH	写主屏蔽寄存器（只写）
0DH	暂存寄存器（只读）

3. 8237寄存器编程

（1）命令寄存器（地址08H，只写）。8237命令控制字，如图8-12所示。

（2）请求寄存器（地址09H，只写）。8237请求寄存器，如图8-13所示。

（3）屏蔽寄存器（地址0AH，只写）。8237屏蔽位寄存器，如图8-14所示。

（4）方式寄存器（地址0BH，只写）。8237方式寄存器，如图8-15所示。

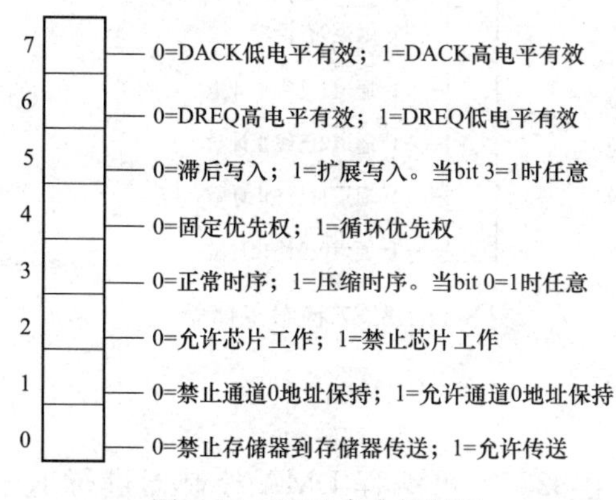

图8-12　8237命令控制字

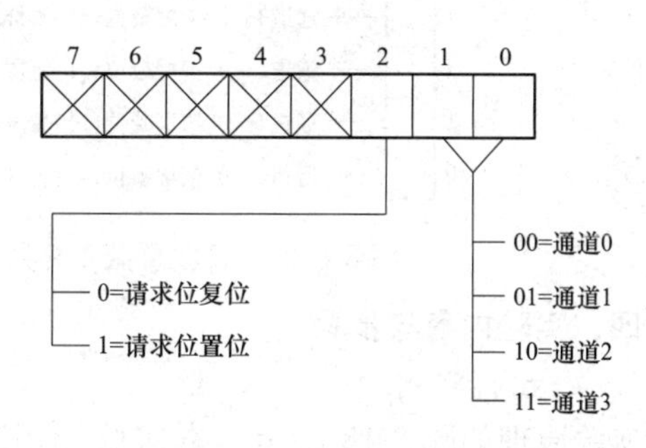

图8-13　8237请求寄存器

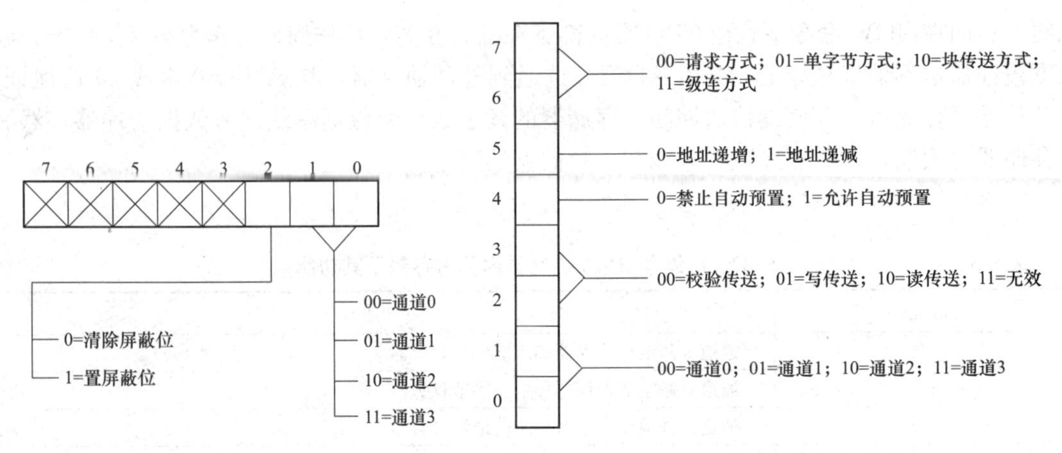

图 8-14　8237 屏蔽位寄存器　　　　图 8-15　8237 方式寄存器

单字节传输方式：DMA 传送时，仅传送一个字节数据，传输后，字数计数器减 1，地址寄存器加 1 或减 1，并释放总线，将控制权交给 CPU。而在新的 HLDA 后，下一个字节开始传输，当字数计数器从 0 减至 FFFFH 时，产生终止计数 T/C 信号。

块字节传输方式：在 DMA 传送周期，实现多字节的传输，直至字数计数器由 0 减到 FFFFH 时，产生终止计数信号 T/C；或外界输入一个过程结束信号/EOP 为止。这种方式下，在 DACK 变成有效之前，DREQ 应一直保持有效。

请求传输方式：只要没有 T/C 信号或外界过程结束信号/EOP 或 DREQ 一直有效，DMA 传送可一直进行到外设已传输完全部数据字节为止。

级联传输：连接多个 8237A 芯片，其中一片为主片，其余为附加片。附加片的 8237A 的 HRQ 和 HLDA 信号分别到主片的 DREQ 和 DACK 上。附加片的 DMA 请求通过主片的优先级编码电路传给 CPU，主片仅对附加片的 DREQ 请求做出 DACK 响应，本身不能输出地址和控制信号。

（5）主屏蔽寄存器（地址 0FH，只写）。8237 主屏蔽寄存器，如图 8-16 所示。

（6）状态寄存器（地址 08H，只读）。8237 状态寄存器，如图 8-17 所示。

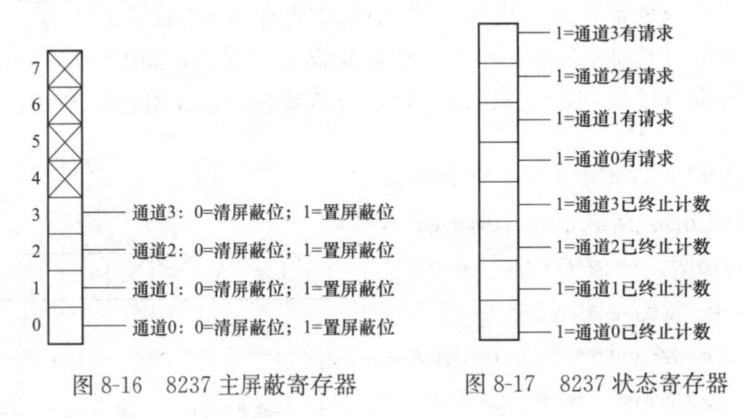

图 8-16　8237 主屏蔽寄存器　　　　图 8-17　8237 状态寄存器

四、实验内容与步骤

1. 实验内容

实验原理如图 8-18 所示，本实验学习使用 8237A 可编程 DMA 控制器进行 RAM 到 RAM 的数据传送方法。

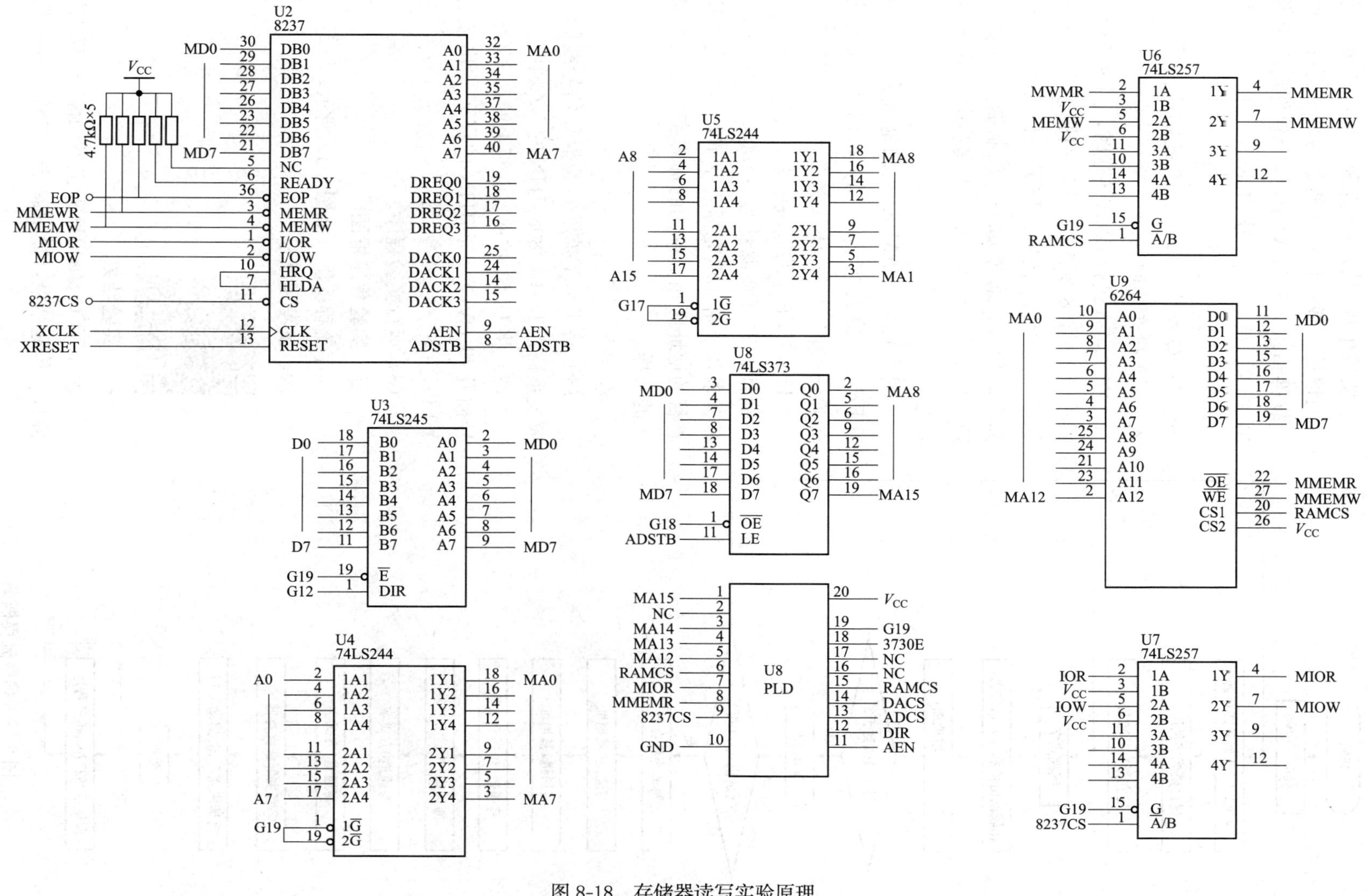

图 8-18 存储器读写实验原理

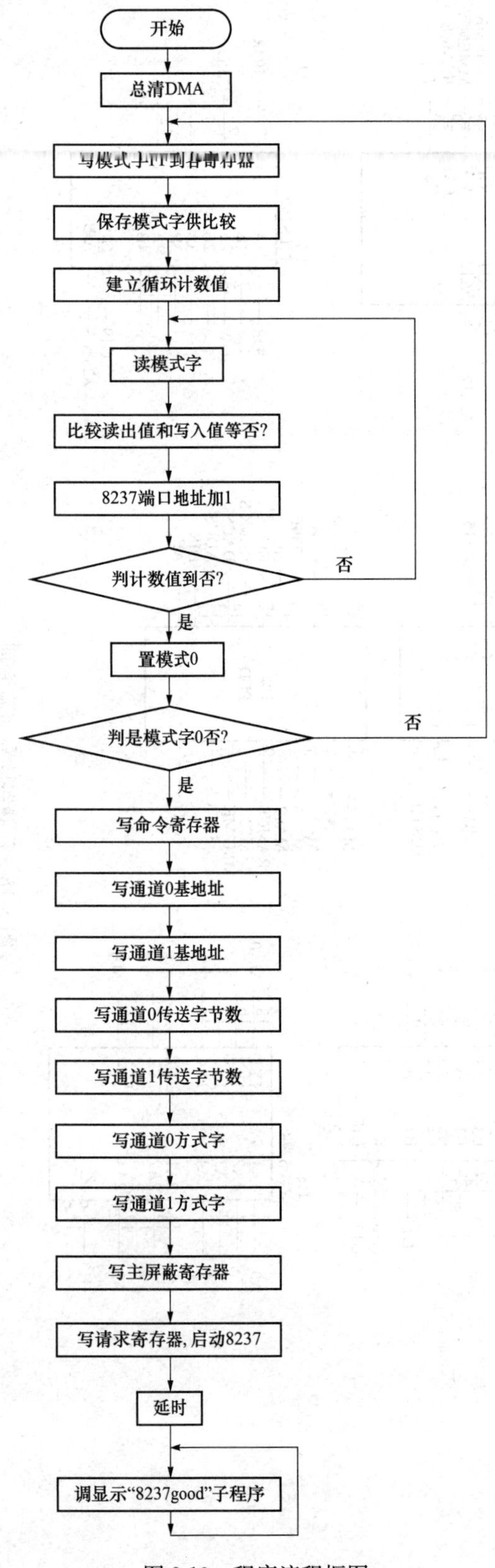

图 8-19　程序流程框图

实验中规定通道 0 为源地址，通道 1 为目的地址，通过设置 0 通道的请求寄存器产生软件请求，8237A 响应这个软件请求后发出总线请求信号 HRQ，图 8-18 中 8237HRQ 直接连到 8237A 的 HLDA 上，相当于 HRQ 作为 8237A 的总线响应信号，进入 DMA 操作周期。

在 8237A 进行 DMA 传送时，当字节计数器减为 0 时，8237A 的/EOP 引脚输出一个负脉冲，表示传送结束。/EOP 可作为系统的外部中断信号，通过 8259A 控制器使 CPU 判断 DMA 传递是否结束。本实验中未用/EOP 信号。

图 8-18 中 RAM 6264 的地址为 8000～9FFF，实验要求将 RAM 6264 中地址为 8000～83FFH 的 1KB 数据传送到地址为 9000H～93FFH 的区域中去。为验证传送的正确性，你可在源地址（8000H～83FFH）区首末几个单元填充标志字节，传送完再检查目的地址区相应单元的标志字节是否与填入的一样。

2. 实验步骤

(1) 将 DMA 扩展实验板按信号线的对应关系插入 DVCC-8086JHN 的 XZ 插座。

(2) 将 DMA 扩展实验板上的 8237CS 信号插孔和 DVCC-8086JHN 的译码输出插孔 Y0 相连。

(3) 运行实验程序。

五、实验程序框图

程序流程框图，如图 8-19 所示。

六、参考程序

七、实验结果

在 DVCC-8086JHN 上显示“8237-1”，待数据传送结束，显示器显示“8237 good”。

*实验三十二　电 子 琴 实 验

一、实验日的

1. 通过 D/A 转换器产生模拟信号，使实验系统作为一简易电子琴。

2. 了解利用数模产生音乐的基本方法。

二、软、硬件环境

微机原理接口技术实验的实验环境如下。

1. 硬件环境

（1）微型计算机（Intel x86 系列 CPU）一台。

（2）DVCC-8086JHN 实验平台。

2. 软件环境

（1）WindowsXP/Vista/7 等 32 位操作系统。

（2）DVCC-8086JHN 实验系统。

三、实验涉及的主要知识单元

参考实验十七和实验二十三。

四、实验内容与步骤

1. 实验内容

（1）对于一个特定的 D/A 转换接口电路，CPU 执行一条输出指令将数据送入 D/A。即可在其输出端 OUT 得到一定的电压输出，给 D/A 转换输入按正弦规律变化的数据，在其端产生正弦波，对于音乐，每个间阶都有确定的频率。

各音阶标称频率值见表 8-6。

表 8-6　　　各音阶标称频率值

音阶	1	2	3	4	5	6	7
频率（Hz）	261.1	293.7	329.6	349.2	392.0	440.0	493.9

（2）产生一个正弦波的数据可取 32 个（小于也可以），不同频率的区别可通过调节向 D/A 转换器输出数据的时间间隔，例如“1”频率为 261.1Hz，周期为 1/261.1＝3.83ms，输出正弦波数据的时间间隔为 3.83/32＝0.12ms，定时时间由 8253A 配合 8255 来实现，按下某键后发音时间的长短可由发出正弦波的个数来控制。实验原理如图 8-20 所示。

2. 实验步骤

硬件线路连接步骤如下。

（1）8253A 的 T0CLK 接分频输出端 2MHz 插孔。

（2）T0OUT 接 8255 的 PB0。

（3）用二芯线将 2 个 J2 插座相连。

（4）0832 的片选 CS-0832 接译码输出插孔 Y6。

（5）0832 的模拟量输出端 OUT1 接 SIN。

（6）8255 片选信号 CS-8255 接译码输出插孔 Y7。

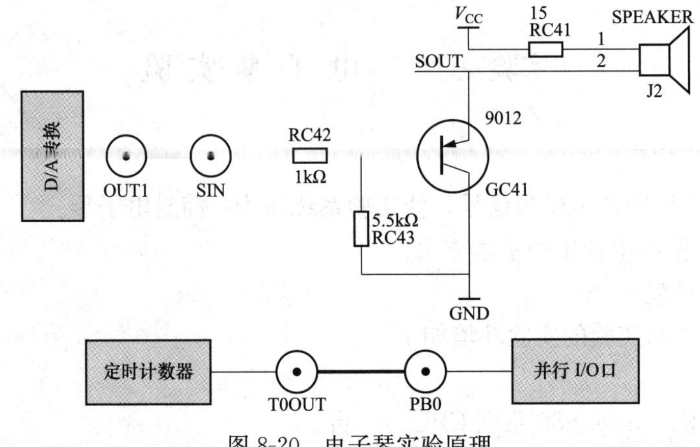

图 8-20　电子琴实验原理

五、实验程序流程和实验程序

本实验作为扩展综合实验，键扫子程序和显示子程序参看实验十七，由学生自己设计软件。

六、参考程序

*实验三十三　压力测量实验

一、实验目的

1. 了解力转换成电信号的工作原理。

2. 掌握 ADC0809 的使用方法，提高数据处理程序的设计方法和调试能力。

二、软、硬件环境

微机原理接口技术实验的实验环境如下。

1. 硬件环境

(1) 微型计算机（Intel x86 系列 CPU）一台。

(2) DVCC-8086JHN 实验平台。

2. 软件环境

(1) WindowsXP/Vista/7 等 32 位操作系统。

(2) DVCC-8086JHN 实验系统。

三、实验涉及的主要知识单元

1. 力测量原理

将金属丝电阻应变片附在弹簧片的表面，弹簧片在力的作用下发生形变，而电阻应变片也随着弹簧片一起变形，这将导致电阻应变片电阻值的变化。弹簧片受的力越大，形变也越大，电阻应变片电阻的变化也越大，测量出电阻应变片电阻的变化，就可以计算出弹簧片受力的大小。

2. 电阻应变片特性

电阻应变片是一种电阻式的传感器件，可用于测量静态的或快速交变应力，它具有体积小、测量精度高、寿命长、价格低等特点，因此得到广泛应用。

在金属丝的两端加以拉力后，将产生机械形变，使金属丝的长度（L）略有增加，而截面积（S）相应地变小，使电阻发生变化。这种导体的电阻值随应力变化而变化的有规律的现象称为应变电阻效应。金属导线的电阻值 R 与它的长度（L）成正比，而与截面积（S）成反比：

$$R=\rho\frac{L}{S} \tag{8-1}$$

式中　L——电阻丝的长度；

S——电阻丝的截面积；

ρ——电阻丝材料的电阻。

应变片电阻值的相对变化量 $\Delta R/R$ 近似地正比于所受的力 F，实验表明在弹性形变范围内，在一定的非线性度许可的情况下可认为：

$$\Delta R/R\approx K_0\varepsilon$$

$$\varepsilon=\frac{\Delta L}{L}$$

式中　ε——电阻纵向、横向应变量；

$\Delta R/R$——电阻值的相应变化量；

K_0——金属材料电阻应变片灵敏系数，对于一定的金属材料 K_0 为常数。

3. 应变片电桥测量电路

图 8-21 为应变片电桥测量电路，由应变片的电阻 R_1 和另外三个电阻 R_2、R_3、R_4 构成桥路，当电桥平衡时（即电阻应变片未受力作用时），$R_1=R_2=R_3=R_4=R$，此时电桥的输出 $U_0=0$，当应变片受力后，R_1 发生变化，使 $R_1\cdot R_3\neq R_2\cdot R_4$，电桥输出 $U_0\neq 0$，并有：

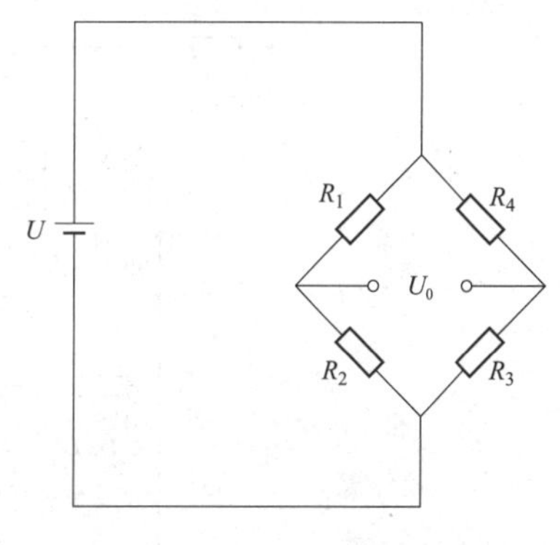

图 8-21　应变片电桥测量电路

$$U_0\approx\pm\frac{1}{4}\frac{\Delta R}{R}\quad U\approx\pm\frac{K_0\varepsilon}{4}U \tag{8-2}$$

四、实验内容与步骤

1. 实验内容

压力测量实验原理如图 8-22 所示，AD0809 转换电路参考实验二十一，图 8-22 中 V_P 输出接 0809 的通道 1（IN1）插孔。即压力测量电路的输出接 0809 模拟量输入端通道 1，编写并调试一个程序，使 0809 通道 1 输入的模拟电压经 ADC0809 转换再通过数字滤波和量纲转换后，以克为单位实时地将测量到的弹簧片上的砝码重量显示在 DVCC-8086JHN 实验系统的显示器上。

2. 实验步骤

按照压力测量实验板上的原理图 8-22，将该板上 V_P 插孔连到 0809 通道 IN1 插孔（V_P 替代实验一中 V_1）。

五、实验程序流程和实验程序

实验程序流程和实验程序由学生自主完成。

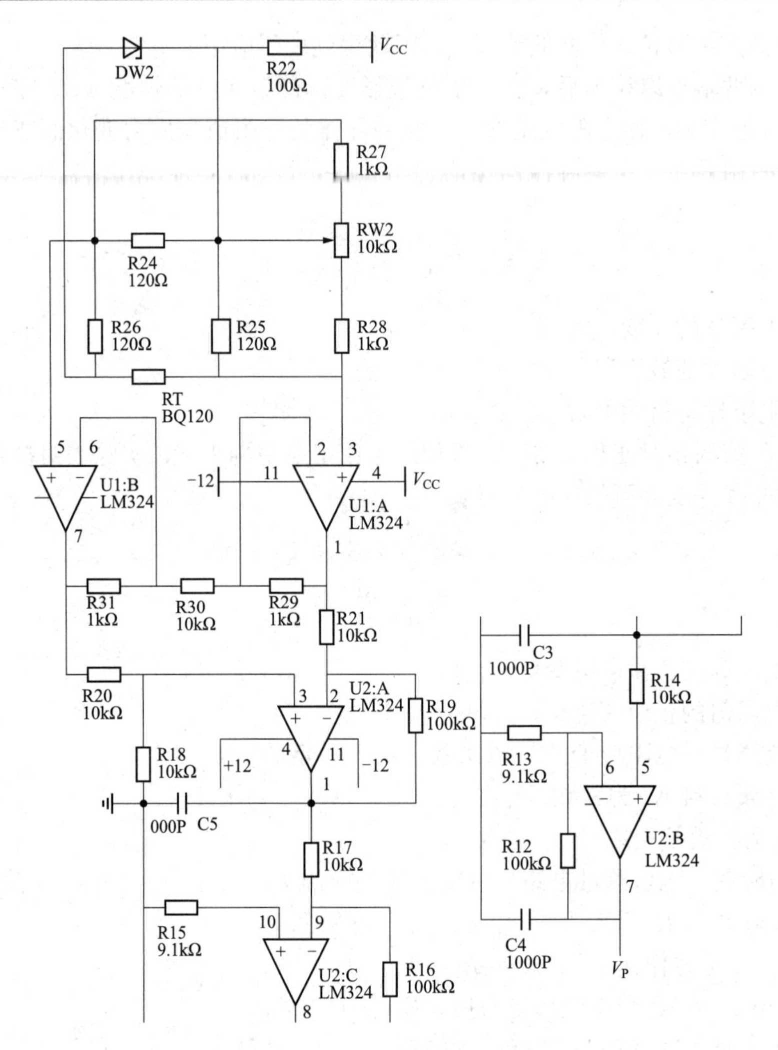

图 8-22　压力测量实验原理

*实验三十四　温 度 测 量 实 验

一、实验目的

1. 了解热电偶的工作原理和它的应用。

2. 熟悉小信号放大器的工作原理和零点、增益的调整方法。

3. 掌握双积分 AD5G14433 的接口技术和提高系统精度的方法，进一步提高微机应用水平。

二、软、硬件环境

微机原理接口技术实验的实验环境如下。

1. 硬件环境

(1) 微型计算机（Intel x86 系列 CPU）一台。

(2) DVCC-8086JHN 实验平台。

2. 软件环境

(1) WindowsXP/Vista/7 等 32 位操作系统。

(2) DVCC-8086JHN 实验系统。

三、实验涉及的主要知识单元

在温度测量中，需要将温度的变化转换为对应电信号的变化，常用的热电传感器有热电阻、热电偶、集成温度传感器等。由于热电偶结构简单、制造容易、测量范围广。因此被各个行业广泛应用。

热电偶测温系统组成包含一个温度测量元件，一个毫伏测量电路和连接它们的补偿导线。

热电偶是根据以下物理原理制成的：在由两种不同性质的金属组成的电回路中，若对两个连接点之一加热，使两个接点的温度不同，电路中将产生电流，这个现象称为热电效应，所产生的电动势称为温差电动势。这种由两种不同金属接成的回路称为热电偶，如图 8-23 所示，A、B 两种导体称为热电极，两个接点一个称为工作端（热端），另一个称为自由端或冷端。热电偶产生电势是由两种导体的接触电势和单一导体的温度电势组成。理论和实践证明当 A、B 两种材料一定时则热电势 E_{AB} 只与温度有关，如果将一个端点温度保持常数，则总电势是另一个端点温度的单值函数，所以只要测出 E_{AB} 之值，就可计算出热端的温度值。热电势的大小只与材料的性质及其两个端点的温度有关，而与热电偶的形状、大小无关，相同材料的热电偶可以互换。

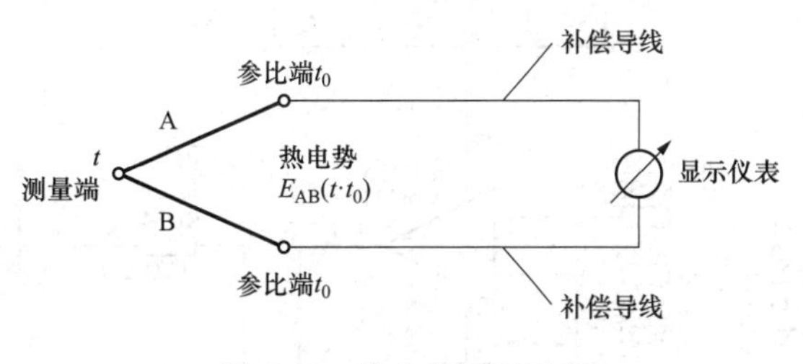

图 8-23　热电偶原理示意

四、实验内容与步骤

1. 实验内容

实验原理如图 8-24 所示，热电偶产生的毫伏信号经放大电路后由 V_T 端输出。它作为 A/D 转换接口芯片的模拟量输入。由于我们的热电偶测温范围为 0～200℃，对应放大电路的输出电压为 0～2V。A/D 转换芯片最好用 5G14433，它是三位半双积分 A/D，其最大输入电压为 199.9mv 和 1.999V 两挡（由输入的基准电压 V_R 决定）。我们应选择 1.999V 挡，这样 5G14433 转换结果（BCD 码）和温度值成一一对应关系。如读到的 BCD 码为 01、00、01、05，则温度值为 101℃。因此，用 5G14433A/D 芯片的话，可将转换好的 A/D 结果（BCD 码）右移一位（除以 10）后直接作为温度值显示在显示器上。

如果 A/D 转换芯片，用 ADC0809（原理图部分参见实验二十一），则在实验前期，应先做两张表格：①放大电路的输出电压和温度的对应关系，一一测量并记录下来制成表格；②ADC0809 的转换结果（数字量）和输入的模拟电压一一对应关系记录下来并制成表格。然后将这两张表格综合成温度值和数字量的一一对应关系表存入系统内存中，最后，编制并调试实验程序，程序中将读到的 A/D 转换结果（数字量）通过查表转换成温度值在显示器上显示。

2. 实验步骤

(1) 用 5G14433 扩展小板做 A/D 转换时，按原理图 8-24 接线。

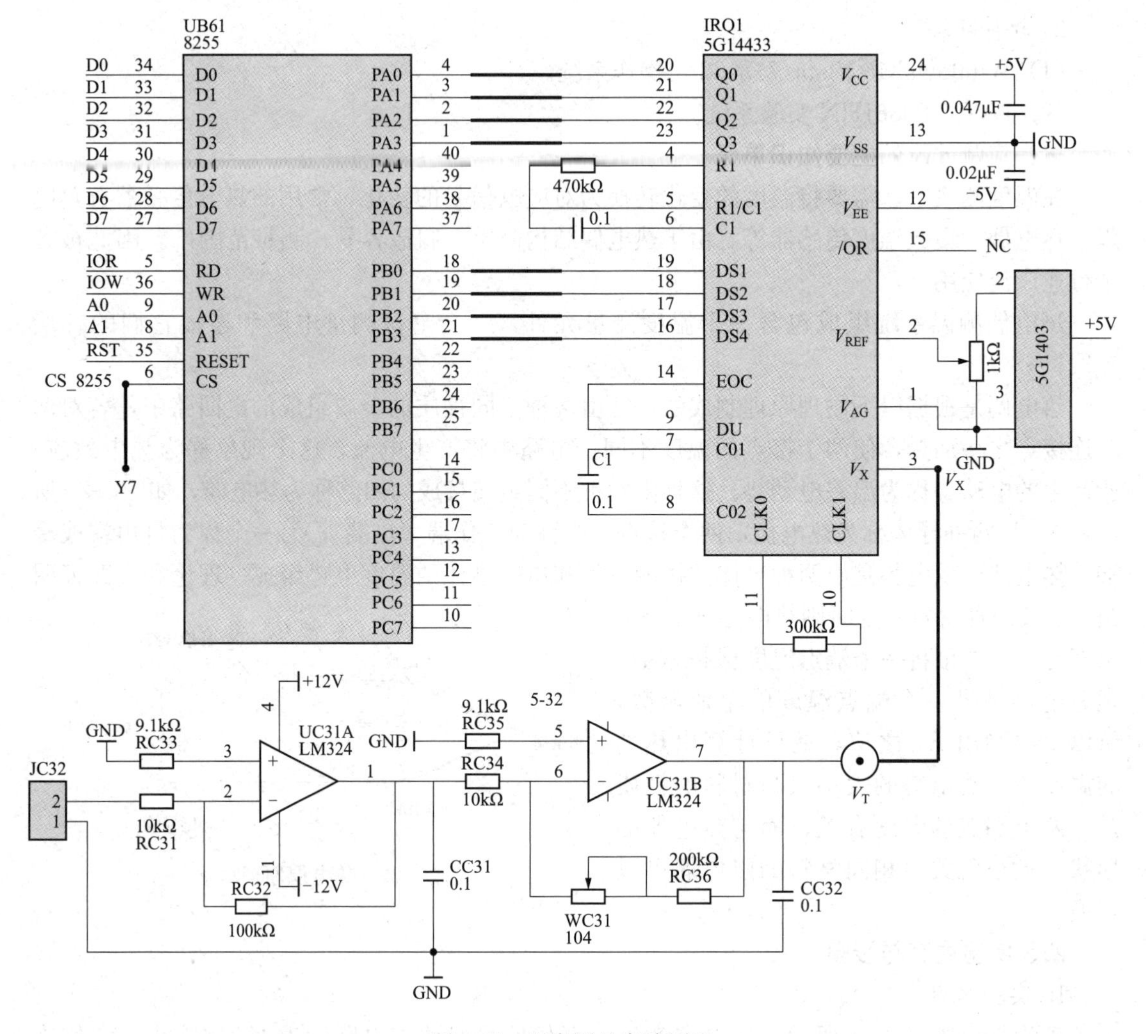

图 8-24 温度测量实验原理

(2) 用 0809 做 A/D 转换时，连线按实验一，只是 0809 的 IN1 不连到 V_1 而是连到温度测量实验区的 V_T 插孔。

(3) 将热电偶两根输入线接入 JC32 二芯插座中。

五、实验程序参考流程

程序流程框图，如图 8-25 所示。

六、编制程序并进行调试

将热电偶置于沸水中，调整温度测量实验板的电位器 WC31 使输入 AD 转换芯片的电压为 1.0V，再在沸水中逐渐加入冷水，输入电压随水温变化而变化，用万用表或示波器测试放大器的工作状态，使放大器输出电压随水温在 0～1V 变化。

如果将热电偶端靠近电烙铁，由于电烙铁的温度较高，达到热电偶的最高温度值。因此，输入 A/D 芯片的电压范围可达到 0～2V。

七、实验结果

显示器上显示的 A/D 结果，随水温的变化而变化。

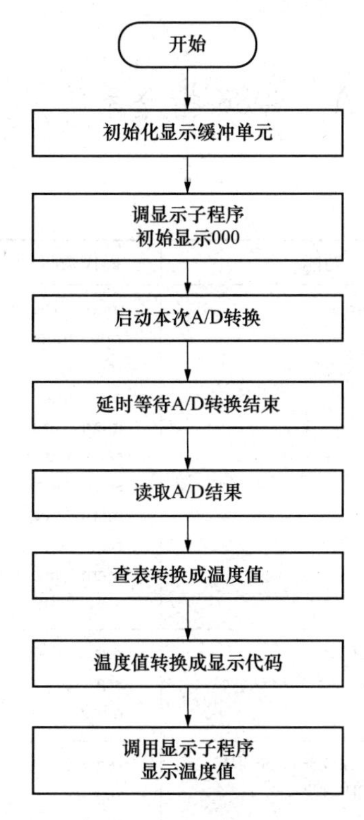
开始
初始化显示缓冲单元
调显示子程序
初始显示000
启动本次A/D转换
延时等待A/D转换结束
读取A/D结果
查表转换成温度值
温度值转换成显示代码
调用显示子程序
显示温度值

图 8-25　程序流程框图

附录 A　8086 指令系统一览表

类型	汇编指令格式	功能	操作数说明	时钟周期数	字节数
数据传送类	MOV dst，src	(dst)←(src)	mem，reg reg，mem reg，reg reg，imm mem，imm seg，reg seg，mem mem，seg reg，seg mem，acc acc，mem	9+EA 8+EA 2 4 10+EA 2 8+EA 9+EA 2 10 10	2～4 2～4 2 2～3 3～6 2 2～4 2～4 2 3 3
	PUSH src	(SP)←(SP)−2 ((SP)+1，(SP))←(src)	reg seg mem	11 10 16+EA	1 1 2～4
	POP dst	(dst)←((SP)+1，(SP)) (SP)←(SP)+2	reg seg mem	8 8 17+EA	1 1 2～4
	XCHG op1，op2	(op1)←→(op1)	reg，mem reg，reg reg，acc	17+EA 4 3	2～4 2 1
	IN acc，port IN acc，DX	(acc)←(port) (acc)←((DX))		10 8	2 1
	OUT port，acc OUT DX，acc	(port)←(acc) ((DX))←(acc)		10 8	2 1
	XLAT			11	1
	LEA reg，src	(reg)←src	reg，mem	2+EA	2～4
	LDS reg，src	(reg)←src (DS)←(src+2)	reg，mem	16+EA	2～4
	LES reg，src	(reg) ←src (ES)←(src+2)	reg，mem	16+EA	2～4
	LAHF	(AH)←(FR 低字节)		4	1
	SAHF	(FR 低字节)←(AH)		4	1
	PUSHF	(SP)←(SP)−2 ((SP)+1，(SP))←(FR 低字节)		10	1
	POPF	(FR 低字节)←((SP)+1，(SP)) (SP)←(SP)+2		8	1

续表

类型	汇编指令格式	功能	操作数说明	时钟周期数	字节数
算术运算类	ADD dst，src	(dst)←(src)+(dst)	mem，reg reg，mem reg，reg reg，imm mem，imm acc，imm	16+EA 9+EA 3 4 17+EA 4	2～4 2～4 2 3～4 3～6 2～3
	ADC dst，src	(dst)←(src)+(dst)+CF	mem，reg reg，mem reg，reg reg，imm mem，imm acc，imm	16+EA 9+EA 3 4 17+EA 4	2～4 2～4 2 3～4 3～6 2～3
	INC op1	(op1)←(op1)+1	reg mem	2～3 15+EA	1～2 2～4
	SUB dst，src	(dst)←(src)－(dst)	mem，reg reg，mem reg，reg reg，imm mem，imm acc，imm	16+EA 9+EA 3 4 17+EA 4	2～4 2～4 2 3～4 3～6 2～3
	SBB dst，src	(dst)←(src)－(dst)－CF	mem，reg reg，mem reg，reg reg，imm mem，imm acc，imm	16+EA 9+EA 3 4 17+EA 4	2～4 2～4 2 3～4 3～6 2～3
	DEC op1	(op1)←(op1)－1	reg mem	2～3 15+EA	1～2 2～4
	NEG op1	(op1)←0－(op1)	reg mem	3 16+EA	2 2～4
	CMP op1，op2	(op1)－(op2)	mem，reg reg，mem reg，reg reg，imm mem，imm acc，imm	9+EA 9+EA 3 4 10+EA 4	2～4 2～4 2 3～4 3～6 2～3
	MUL src	(AX)←(AL) * (src) (DX，AX)←(AX) * (src)	8 位 reg 8 位 mem 16 位 reg 16 位 mem	70～77 (76～83)+EA 118～133 (124～139)+EA	2 2～4 2 2～4
	IMUL src	(AX)←(AL) * (src) (DX，AX)←(AX) * (src)	8 位 reg 8 位 mem 16 位 reg 16 位 mem	80～98 (86～104)+EA 128～154 (134～160)+EA	2 2～4 2 2～4
	DIV src	(AL)←(AX)/(src) 的商 (AH)←(AX)/(src) 的余数 (AX)←(DX，AX)/(src) 的商 (DX)←(DX，AX)/(src) 的余数	8 位 reg 8 位 mem 16 位 reg 16 位 mem	80～90 (86～96)+EA 144～162 (150～168)+EA	2 2～4 2 2～4

续表

类型	汇编指令格式	功能	操作数说明	时钟周期数	字节数
算术运算类	IDIV src	(AL)←(AX)/(src) 的商 (AH)←(AX)/(src) 的余数 (AX)←(DX，AX)/(src) 的商 (DX)←(DX，AX)/(src) 的余数	8 位 reg 8 位 mem 16 位 reg 16 位 mem	101～112 (107～118)+EA 165～184 (171～190)+EA	2 2～4 2 2～4
	DAA	(AL)←AL 中的和调整为组合 BCD		4	1
	DAS	(AL)←AL 中的差调整为组合 BCD		4	1
	AAA	(AL) ←AL 中的和调整为非组合 BCD (AH)←(AH)+调整产生的进位值		4	1
	AAS	(AL)←AL 中的差调整为非组合 BCD (AH)←(AH)－调整产生的进位值		4	1
	AAM	(AX) ←AX 中的积调整为非组合 BCD		83	2
	AAD	(AL)←(AH) * 10+(AL) (AH) ←0 (注意是除法进行前调整被除数)		60	2
逻辑运算类	AND dst，src	(dst)←(dst) ∧ (src)	mem，reg reg，mem reg，reg reg，imm mem，imm acc，imm	16+EA 9+EA 3 4 17+EA 4	2～4 2～4 2 3～4 3～6 2～3
	OR dst，src	(dst)←(dst) ∨ (src)	mem，reg reg，mem reg，reg reg，imm mem，imm acc，imm	16+EA 9+EA 3 4 17+EA 4	2～4 2～4 2 3～4 3～6 2～3
	NOT op1	(op1)←$\overline{\text{(op1)}}$	reg mem	3 16+EA	2 2～4
	XOR dst，src	(dst)←(dst)⊕(src)	mem，reg reg，mem reg，reg reg，imm mem，imm acc，imm	16+EA 9+EA 3 4 17+EA 4	2～4 2～4 2 3～4 3～6 2～3

续表

类型	汇编指令格式	功能	操作数说明	时钟周期数	字节数
逻辑运算类	TEST op1，op2	(op1)∧(op2)	reg，mem reg，reg reg，imm mem，imm acc，imm	9+EA 3 5 11+EA 4	2～4 2 3～4 3～6 2～3
	SHL op1，1 SHL op1，CL	逻辑左移	reg mem reg mem	2 15+EA 8+4/bit 20+EA+4/bit	2 2～4 2 2～4
	SAL op1，1 SAL op1，CL	算术右移	reg mem reg mem	2 15+EA 8+4/bit 20+EA+4/bit	2 2～4 2 2～4
	SHR op1，1 SHR op1，CL	逻辑右移	reg mem reg mem	2 15+EA 8+4/bit 20+EA+4/bit	2 2～4 2 2～4
	SAR op1，1 SAR op1，CL	算术右移	reg mem reg mem	2 15+EA 8+4/bit 20+EA+4/bit	2 2～4 2 2～4
	ROL op1，1 ROL op1，CL	循环左移	reg mem reg mem	2 15+EA 8+4/bit 20+EA+4/bit	2 2～4 2 2～4
	ROR op1，1 ROR op1，CL	循环右移	reg mem reg mem	2 15+EA 8+4/bit 20+EA+4/bit	2 2～4 2 2～4
	RCL op1，1 RCL op1，CL	带进位位的循环左移	reg mem reg mem	2 15+EA 8+4/bit 20+EA+4/bit	2 2～4 2 2～4
	RCR op1，1 RCR op1，CL	带进位位的循环右移	reg mem reg mem	2 15+EA 8+4/bit 20+EA+4/bit	2 2～4 2 2～4
串操作类	MOVSB MOVSW	((DI))←((SI)) (SI)←(SI)±1，(DI)←(DI)±1 ((DI))←((SI)) (SI)←(SI)±2，(DI)←(DI)±2		不重复：18 重复：9+17/rep 不重复：18 重复：9+17/rep	1 1
	STOSB STOSW	((DI))←(AL) (DI)←(DI)±1 ((DI))←(AX) (DI)←(DI)±2		不重复：11 重复：9+10/rep 不重复：11 重复：9+10/rep	1 1

续表

类型	汇编指令格式	功能	操作数说明	时钟周期数	字节数
串操作类	LODSB LODSW	(AL)←((SI)) (SI)←(SI)±1 (AX)←((SI)) (SI)←(SI)±2		不重复：12 重复：9+13/rep 不重复：12 重复：9+13/rep	1 1
	CMPSB CMPSW	((SI))−((DI)) (SI)←(SI)±1，(DI)←(DI)±1 ((SI))−((DI)) (SI)←(SI)±2，(DI)←(DI)±2		不重复：22 重复：9+22/rep 不重复：22 重复：9+22/rep	1 1
	SCASB SCASW	(AL)−((DI)) (DI)←(DI)±1 (AX)←((DI)) (DI)←(DI)±2		不重复：15 重复：9+15/rep 不重复：15 重复：9+15/rep	1 1
	REP string _ instruc	(CX) ＝0 退出重复，否则(CX)←(CX)−1 并执行其后的串指令		2	1
	REPE/REPZ string _ instruc	(CX)＝0 或(ZF)＝0 退出重复，否则 (CX)←(CX)−1 并执行其后的串指令		2	1
	REPNE/REPNZ string _ instruc	(CX)＝0 或 (ZF)＝1 退出重复，否则 (CX)←(CX)−1 并执行其后的串指令		2	1
控制转移类	JMP SHORT op1 JMP NEAR PTR op1 JMP FAR PTR op1 JMP WORD PTR op1 JMPDWORD PTR op1	无条件转移	 reg mem	15 15 15 11 18+EA 24+EA	2 3 5 2 2～4 2～4
	JZ/JE op1	ZF＝1 则转移		16/4	2
	JNZ/JNE op1	ZF＝0 则转移		16/4	2
	JS op1	SF＝1 则转移		16/4	2
	JNS op1	SF＝0 则转移		16/4	2
	JP/JPE op1	PF＝1 则转移		16/4	2
	JNP/JPO op1	PF＝0 则转移		16/4	2
	JC op1	CF＝1 则转移		16/4	2
	JNC op1	CF＝0 则转移		16/4	2
	JO op1	OF＝1 则转移		16/4	2
	JNO op1	OF＝0 则转移		16/4	2
	JB/JNAE op1	CF＝1 且 ZF＝0 则转移		16/4	2

续表

类型	汇编指令格式	功能	操作数说明	时钟周期数	字节数
控制转移类	JNB/JAE op1	CF=0 或 ZF=1 则转移		16/4	2
	JBE/JNA op1	CF=1 或 ZF=1 则转移		16/4	2
	JNBE/JA op1	CF=0 且 ZF=0 则转移		16/4	2
	JL/JNGE op1	SF⊕OF=1 则转移		16/4	2
	JNL/JGE op1	SF⊕OF=0 则转移		16/4	2
	JLE/JNG op1	SF⊕OF=1 或 ZF=1 则转移		16/4	2
	JNLE/JG op1	SF⊕OF=0 且 ZF=0 则转移		16/4	2
	JCXZ op1	(CX)=0 则转移		18/6	2
	LOOP op1	(CX)≠0 则循环		17/5	2
	LOOPZ/LOOPE op1	(CX)≠0 且 ZF=1 则循环		18/6	2
	LOOPNZ/LOOPNE op1	(CX)≠0 且 ZF=0 则循环		19/5	2
	CALL dst	段内直接： (SP)←(SP)−2 ((SP)+1，(SP))←(IP) (IP)←(IP)+D16 段内间接： (SP)←(SP)−2 ((SP)+1，(SP))←(IP) (IP)←EA 段间直接： (SP)←(SP)−2 ((SP)+1，(SP))←(CS) (SP)←(SP)−2 ((SP)+1，(SP)) (IP) (IP)←目的偏移地址 (CS)←目的段基址 段间间接： (SP)←(SP)−2 ((SP)+1，(SP))←(CS) (SP)←(SP)−2 ((SP)+1，(SP))←(IP) (IP)←(EA) (CS)←(EA+2)	reg mem	19 16 21+EA 28 37+EA	3 2 2~4 5 2~4
	RET	段内：(IP)←((SP)+1，(SP)) (SP)←(SP)+2 段间：(IP)←((SP)+1，(SP)) (SP)←(SP)+2 (CS)←((SP)+1，(SP)) (SP)←(SP)+2		16 24	1 1
	RETexp	段内：(IP)←((SP)+1，(SP)) (SP)←(SP)+2 (SP)←(SP)+D16 段间：(IP)←((SP)+1，(SP)) (SP)←(SP)+2 (CS)←((SP)+1，(SP)) (SP)←(SP)+2 (SP)←(SP)+D16		20 23	3 3

续表

类型	汇编指令格式	功能	操作数说明	时钟周期数	字节数
控制转移类	INTN INT	(SP)←(SP)−2 ((SP)+1，(SP))←(FR) (SP)←(SP)−2 ((SP)+1，(SP))←(CS) (SP)←(SP)−2 ((SP)+1，(SP))←(IP) (IP)←(type * 4) (CS)←(type * 4+2)	N≠3 (N=3)	51 52	2 1
	INTO	若 OF=1，则 (SP)←(SP)−2 ((SP)+1，(SP))←(FR) (SP)←(SP)−2 ((SP)+1，(SP))←(CS) (SP)←(SP)−2 ((SP)+1，(SP))←(IP) (IP)←(10H) (CS)←(12H)		53(OF=1) 4(OF=0)	1
	IRET	(IP)←((SP)+1，(SP)) (SP)←(SP)+2 (CS)←((SP)+1，(SP)) (SP)←(SP)+2 (FR)←((SP)+1，(SP)) (SP)←(SP)+2		24	1
处理器控制类	CBW	(AL) 符号扩展到 (AH)		2	1
	CBD	(AX) 符号扩展到 (DX)		5	1
	CLC	CF 清 0		2	1
	CMC	CF 取反		2	1
	STC	CF 置 1		2	1
	CLD	DF 清 0		2	1
	STD	DF 置 1		2	1
	CLI	IF 清 0		2	1
	STI	IF 置 1		2	1
	NOP	空操作		3	1
	HLT	停机		2	1
	WAIT	等待		≥3	1
	ESC mem	换码		8+EA	2~4
	LOCK	总线封锁前缀		2	1
	seg:	段超越前缀		2	1

附录B 8086指令对标志位的影响

一、对状态标志位的影响

表 B-1 **对状态标志位的影响**

指令类型	指令	OF	SF	ZF	AF	PF	CF
加法，减法	ADD，ADC，SUB，SBB，CMP，NEG	↕	↕	↕	↕	↕	↕
字符串比较，搜索	CMPS，SCAS	↕	↕	↕	↕	↕	↕
增量，减量	INC，DEC	↕	↕	↕	↕	↕	•
乘法	MUL，IMUL	↕	×	×	×	×	↕
除法	DIV，IDIV	×	×	×	×	×	×
十进制调整	DAA，DAS	×	↕	↕	↕	↕	↕
	AAA，AAS	×	×	×	↕	×	↕
	AAM，AAD	×	↕	↕	×	↕	×
逻辑运算	AND，OR，XOR，TEST	0	↕	↕	×	↕	0
移位	SHL，SHR，SAL，SAR	↕	↕	↕	×		↕
循环移位	ROL，ROR，RCL，RCR	↕	•	•	•	•	↕
恢复状态标志	POPF，IRET	↕	↕	↕	↕	↕	↕
	SAHF	•	↕	↕	↕	↕	↕
设置进位标志	STC	•	•	•	•	•	1
	CLC	•	•	•	•	•	0
	CMC	•	•	•	•	•	!

注 ↕：标志受指令操作的影响；0：标志置0；1：标志置1；
•：标志不受操作的影响；×：指令操作后标志不确定；
!：标志位变反。

二、对控制标志位的影响

表 B-2 **对控制标志位的影响**

指令类型	指令	DF	IF	TF
恢复控制标志	POPF，IRET	↕	↕	↕
中断	INT，INTO	•	0	0
设置方向标志	STD CLD	1 0	• •	• •
设置中断标志	STI CLI	• •	1 0	• •

注 ↕：标志受指令操作的影响；0：标志置0；1：标志置1；
•：标志不受操作的影响；×：指令操作后标志不确定；
!：标志位变反。

附录C　8086宏汇编常用伪指令表

数据及结构定义	ASSUME	ASSUME segreg:seg_name[,…]	说明段所对应的段寄存器
	COMMENT	COMMENT delimiter_text	后跟注释(代替;)
	DB	[variable_name]DB operand_list	定义字节变量
	DD	[variable_name]DD operand_list	定义双字变量
	DQ	[variable_name]DQ operand_list	定义四字变量
	DT	[variable_name]DT operand_list	定义十字变量
	DW	[variable_name]DW operand_list	定义字变量
	DUP	DB/DD/DQ/DT/DW　repeat_count DUP(operand_list)	变量定义中的重复从句
	END	END[lable]	源程序结束
	EQU	expression_name EQU expression	定义符号
	=	label=expression	赋值
	EXTRN	EXTRN name:type[,…](type is:byte,word,dword or near,far)	说明本模块中使用的外部符号
	GROUP	name GROUP seg_name_list	指定段在64K的物理段内
	INCLUDE	INCLUDE filespec	包含其他源文件
	LABEL	name LABLE type(type is:byte,word,dword or near,far)	定义name的属性
	NAME	NAME　module_name	定义模块名
	ORG	ORG expression	地址计数器置expression值
	PROC	procedure_name PROC type(type is:near or far)	定义过程开始
	ENDP	procedure_name ENDP	定义过程结束
	PUBLIC	PUBLIC symbol_list	说明本模块中定义的外部符号
	PURGE	PURGE expression_name_list	取消指定的符号（EQU定义）
	RECORD	record_name RECORD field_name:length[=preassignment][,…]	定义记录
	SEGMEMT	seg_name　SEGMENT　[align_type]　[combine_type]　[‘class’]	定义段开始
	ENDS	seg_name ENDS	定义段结束
	STRUC	structure_name STRUC structure_name ENDS	定义结构开始 定义结构结束
条件汇编	IF	IF　argument	定义条件汇编开始
	ELSE	ELSE	条件分支
	ENDIF	ENDIF	定义条件汇编结束
	IF	IF expression	表达式expression不为0则真
	IFE	IFE expression	表达式expression为0则真
	IF1	IF1	汇编程序正在扫描第一次为真
	IF2	IF2	汇编程序正在扫描第二次为真
	IFDEF	IFDEF symbol	符号symbol已定义则真
	IFNDEF	IFNDEF symbol	符号symbol未定义则真

续表

条件汇编	IFB	IFB<variable>	变量variable为空则真
	IFNB	IFNB<variable>	变量variable不为空则真
	IFIDN	IFIDN<string1><string2>	字串string1与string2相同为真
	IFDIF	IFDIF<string1><string2>	字串string1与string2不同为真
宏	MACRO	macro_name MACRO[dummy_list]	宏定义开始
	ENDM	macro_name ENDM	宏定义结束
	PURGE	PURGE macro_name_list	取消指定的宏定义
	LOCAL	LOCAL local_label_list	定义局部标号
	REPT	REPT expression	重复宏体次数为expression
	IRP	IRP dummy,<argument_list>	重复宏体，每次重复用argument_list中的一项实参取代语句中的形参
	IRPC	IRPC dummy，string	重复宏体，每次重复用string中的一个字符取代语句中的形参
	EXITM	EXITM	立即退出宏定义块或重复块
	&	text & text	宏展开时合并text成一个符号
	;;	;; text	宏展开时不产生注释text
列表控制	.CREF	.CREF	控制交叉引用文件信息的输出
	.XCREF	.XCREF	停止交叉引用文件信息的输出
	.LALL	.LALL	列出所有宏展开正文
	.SALL	.SALL	取消所有宏展开正文
	.XALL	.XALL	只列出产生目标代码的宏展开
	.LIST	.LIST	控制列表文件的输出
	.XLIST	.XLIST	不列出源和目标代码
	%OUT	%OUT text	汇编时显示text
	PAGE	PAGE[operand_1][operand_2]	控制列表文件输出时的页长和页宽
	SUBTTL	SUBTTL text	在每页标题行下打印副标题text
	TITLE	TITLE text	在每页第一行打印标题text

附录D　ASCⅡ码表及控制符号的定义

表 D-1　　　　**ASCⅡ码表**

<table>
<tr><td>ASCⅡ</td><td>列</td><td>0</td><td>1</td><td>2</td><td>3</td><td>4</td><td>5</td><td>6</td><td>7</td></tr>
<tr><td>行</td><td>高
低</td><td>000</td><td>001</td><td>010</td><td>011</td><td>100</td><td>101</td><td>110</td><td>111</td></tr>
<tr><td>0</td><td>0000</td><td>NUL</td><td>DLE</td><td>SP</td><td>0</td><td>@</td><td>P</td><td>、</td><td>p</td></tr>
<tr><td>1</td><td>0001</td><td>SOH</td><td>DC1</td><td>!</td><td>1</td><td>A</td><td>Q</td><td>a</td><td>q</td></tr>
<tr><td>2</td><td>0010</td><td>STX</td><td>DC2</td><td>"</td><td>2</td><td>B</td><td>R</td><td>b</td><td>r</td></tr>
<tr><td>3</td><td>0011</td><td>ETX</td><td>DC3</td><td>#</td><td>3</td><td>C</td><td>S</td><td>c</td><td>s</td></tr>
<tr><td>4</td><td>0100</td><td>EOT</td><td>DC4</td><td>$</td><td>4</td><td>D</td><td>T</td><td>d</td><td>t</td></tr>
<tr><td>5</td><td>0101</td><td>ENQ</td><td>NAK</td><td>%</td><td>5</td><td>E</td><td>U</td><td>e</td><td>u</td></tr>
<tr><td>6</td><td>0110</td><td>ACK</td><td>SYN</td><td>&</td><td>6</td><td>F</td><td>V</td><td>f</td><td>v</td></tr>
<tr><td>7</td><td>0111</td><td>BEL</td><td>ETB</td><td>’</td><td>7</td><td>G</td><td>W</td><td>g</td><td>w</td></tr>
<tr><td>8</td><td>1000</td><td>BS</td><td>CAN</td><td>(</td><td>8</td><td>H</td><td>X</td><td>h</td><td>x</td></tr>
<tr><td>9</td><td>1001</td><td>HT</td><td>EM</td><td>)</td><td>9</td><td>I</td><td>Y</td><td>i</td><td>y</td></tr>
<tr><td>A</td><td>1010</td><td>LF</td><td>SUB</td><td>*</td><td>:</td><td>J</td><td>Z</td><td>j</td><td>z</td></tr>
<tr><td>B</td><td>1011</td><td>VT</td><td>ESC</td><td>+</td><td>;</td><td>K</td><td>[</td><td>k</td><td>|</td></tr>
<tr><td>C</td><td>1100</td><td>FF</td><td>FS</td><td>,</td><td><</td><td>L</td><td>\</td><td>l</td><td>|</td></tr>
<tr><td>D</td><td>1101</td><td>CR</td><td>GS</td><td>—</td><td>=</td><td>M</td><td>]</td><td>m</td><td>|</td></tr>
<tr><td>E</td><td>1110</td><td>SO</td><td>RS</td><td>.</td><td>></td><td>N</td><td>Ω</td><td>n</td><td>~</td></tr>
<tr><td>F</td><td>1111</td><td>SI</td><td>US</td><td>/</td><td>?</td><td>O</td><td>—</td><td>o</td><td>DEL</td></tr>
</table>

注
NUL (NULL)：空白
SOH (Start of heading)：序始
STX (Start of text)：文始
ETX (End of text)：文终
EOT (End of tape)：送毕
ENQ (Enquiry)：询问
ACK (Acknowledge)：应答
BEL (Bell)：响铃
BS (Backspace)：退格
HT (Horizontal tab)：横表
LF (Line feed)：换行
VT (Vertical tab)：纵表
FF (From feed)：换页
CR (Carriage returu)：回车
SO (Shift out)：移出
SI (Shift in)：移入
SP (Space)：空格
DLE (Data line escape)：转义
DC1 (Device control 1)：机控 1
DC2 (Device control 2)：机控 2
DC3 (Device control 3)：机控 3
DC4 (Device control 4)：机控 4
NAK (Negative acknowledge)：未应答
SYN (Synchronize)：同步
ETB (End of transmitted block)：组终
CAN (Cancel)：作废
EM (End of medium)：载终
SUB (Substitute)：取代
ESC (Escape)：换码
FS (File separator)：文件隔离符
GS (Group separator)：组隔离符
RS (Record separator)：记录隔离符
US (Union separator)：单元隔离符
DEL (Delete)：删除

附录E　DOS系统功能调用（INT 21H）

AH	功能	调用参数	返回参数
00	程序终止（同INT 21H）	CS=程序段前缀PSP	
01	键盘输入并回车		AL=输入字符
02	显示输出	DL=输出字符	
03	辅助设备（COM1）输入		AL=输入数据
04	辅助设备（COM1）输出	DL=输出字符	
05	打印机输出	DL=输出字符	
06	直接控制台I/O	DL=FF(输入) DL=字符(输出)	AL=输入字符
07	键盘输入（无回显）		AL=输入字符
08	键盘输入（无回显）检测Ctrl-Break或Ctrl-C		AL=输入字符
09	显示字符串	DS：DX=串地址 字符串以“$”结尾	
0A	键盘输入字符串到缓冲区	DS：DX=缓冲区首址 (DS：DX)=缓冲区最大字符数	(DS：DX+1)=实际输入的字符数 DS：DX+2字符串首地址
0B	检验键盘状态		AL=00有输入 AL=FF无输入
0C	清除缓冲区，并请求指定的输入功能	AL=输入功能号 (1，6，7，8)	
0D	磁盘复位		清除文件缓冲区
0E	指定当前默认的磁盘驱动器	DL=驱动器号（0=A，1=B…）	AL=系统中驱动器数
0F	打开文件（FCB）	DS：DX=FCB首地址	AL=00文件找到 AL=FF文件未找到
10	关闭文件（FCB）	DS：DX=FCB首地址	AL=00目录修改成功 AL=FF目录中未找到文件
11	查找第一个目录项（FCB）	DS：DX=FCB首地址	AL=00找到匹配的目录项 AL=FF未找到匹配的目录项
12	查找下一个目录项（FCB）	DS：DX=FCB首地址使用通配符进行目录项查找	AL=00找到匹配的目录项 AL=FF未找到匹配的目录项
13	删除文件（FCB）	DS：DX=FCB首地址	AL=00删除成功 AL=FF文件未删除

续表

AH	功能	调用参数	返回参数
14	顺序读文件（FCB）	DS：DX=FCB 首地址	AL=00 读成功 AL=01 文件结束，未读到数据 AL=02 DTA 边界错误 AL=03 文件结束，记录不完整
15	顺序写文件（FCB）	DS：DX=FCB 首地址	AL=00 写成功 AL=01 磁盘满或是只读文件 AE 02 DTA 边界错误
16	建文件（FCB）	DS：DX=FCB 首地址	AL=00 建文件成功 AL=FF 磁盘操作有错
17	文件改名（FCB）	DS：DX=FCB 首地址	AL=00 文件被改名 AL=FF 文件未改名
19	取当前默认磁盘驱动器		AL=00 默认的驱动器号 0=A，1=B，2=C…
1A	设置 DTA 地址	DS：DX=DTA 地址	
1B	取默认驱动器 FAT 信息		AL=每簇的扇区数 DS：BX=指向介质说明的指针 CX=物理扇区的字节数 DX=每磁盘簇数
1C	取指定驱动器 FAT 信息		同上
1F	取默认磁盘参数块		AL=00 无错 AL=FF 出错 DS：BX=磁盘参数块地址
21	随机读文件（FCB）	DS：DX=FCB 首地址	AL=00 读成功 AL=01 文件结束 AL=02 DTA 边界错误 AL=03 读部分记录
22	随机写文件（FCB）	DS：DX=FCB 首地址	AL=00 写成功 AL=01 磁盘满或是只读文件 AL=02 DTA 边界错误
23	测定文件大小（FCB）	DS：DX=FCB 首地址	AL=00 成功，记录数填入 FCB AL=FF 未找到匹配的文件
24	设置随机记录号	DS：DX=FCB 首地址	
25	设置中断向量	DS：DX=中断向量 AL=中断类型号	
26	建立程序段前缀 PSP	DX=新 PSP 段地址	
27	随机分块读（FCB）	DS：DX=FCB 首地址 CX=记录数	AL=00 读成功 AL=01 文件结束 AL=02 DTA 边界错误 AL=03 读部分记录 CX=读取的记录数
28	随机分块写（FCB）	DS：DX=FCB 首地址 CX=记录数	AL=00 写成功 AL=01 磁盘满或是只读文件 AL=02 DTA 边界错误

续表

AH	功能	调用参数	返回参数
29	分析文件名字符串（FCB）	ES：DI＝FCB首址 DS：SI＝文件名串（允许通配符） AL＝分析控制标志	AL＝00分析成功未遇到通配符 AL＝01分析成功存在通配符 AL＝FF驱动器说明无效
2A	取系统日期		CX＝年（1980～2099） DH＝月（1～12） DL＝日（1～31） AL＝星期（0～6）
2B	置系统日期	CX＝年（1980～2099） DH＝月（1～12） DL＝日（1～31）	AL＝00成功 AL＝FF无效
2C	取系统时间		CH：CL＝时：分 DH：DL＝秒：1/100秒
2D	置系统时间	CH：CL＝时：分 DH：DL＝秒：1/100秒	AL＝00成功 AL＝FF无效
2E	设置磁盘检验标志	AL＝00关闭检验 AL＝FF打开检验	
2F	取DTA地址		ES：BX＝DTA首地址
30	取DOS版本号		AL＝版本号 AH＝发行号 BH＝DOS版本标志 BL：CX＝序号（24位）
31	结束并驻留	AL＝返回码 DX＝驻留区大小	
32	取驱动器参数块	DL＝驱动器号	AL＝FF驱动器无效 DS：BX＝驱动器参数地址
33	CTRL-Break检测	AL＝00取标志状态	DL＝00关闭Ctrl-Break检测 DL＝01打开Ctrl-Break检测
35	取中断向量	AL＝中断类型	ES：BX＝中断向量
36	取空闲磁盘空间	DL＝驱动器号 0＝默认，1＝A，2＝B…	成功：AX＝每簇扇区数 BX＝可用簇数 CX＝每扇区字节数 DX＝磁盘总簇数
38	置/取国别信息	AL＝00或取当前国别信息 AL＝FF国别代码放在BX中 DS：DX＝信息区首地址 DX＝FFFF设置国别代码	BX＝国别代码（国际电话前缀码） DS：DX＝返回信息区码首址 AX＝错误代码
39	建立子目录	DS：DX＝ASCIZ串地址	AX＝错误码
3A	删除子目录	DS：DX＝ASCIZ串地址	AX＝错误码
3B	设置目录	DS：DX＝ASCIZ串地址	AX＝错误码
3C	建立文件（handle）	DS：DX＝ASCIZ串地址 CX＝文件属性	成功：AX＝文件代号 失败：AX＝错误码
3D	打开文件（handle）	DS：DX＝ASCIZ串地址 AL＝访问和文件共享方式 0＝读，1＝写，2＝读/写	成功：AX＝文件代号 失败：AX＝错误码

续表

AH	功能	调用参数	返回参数
3E	关闭文件（handle）	BX=文件代号	失败：AX=错误码
3F	读文件设备（handle）	DS：DX=ASCIZ 串地址 BX=文件代号 CX=读取的字节数	成功：AX=实际读入的字节数 AX=0 已到文件尾 失败：AX=错误码
40	写文件或设备（handle）	DS：DX=ASCIZ 串地址 BX=文件代号 CX=写入的字节数	成功：AX=实际读入的字节数 失败：AX=错误码
41	删除文件	DS：DX=ASCIZ 串地址	成功：AX=00 失败：AX=错误码
42	移动文件指针	BX=文件代号 CX：DX=位移量 AL=移动方式	成功：DX：AX=新指针位置 失败：AX=错误码
43	置/取文件属性	DS：DX=ASCIZ 串地址 AL=00 取文件属性 AL=01 置文件属性 CX=文件属性	成功：CX=文件属性 失败：AX=错误码
44	设备驱动程序控制	BX=文件代号 AL=设备子功能代码（0－11H） 0=取设备信息 1=置设备信息 3=写字符设备 4=读块设备 5=写块设备 6=取输入状态 7=取输出状态，… BL=驱动器代码 CX=读/写的字节数	成功：DX=设备信息 AX=传送的字节数 失败：AX=错误码
45	复制文件号	BX=文件代号 1	成功：AX=文件代号 2 失败：AX=错误码
46	强行复制文件代号	BX=文件代号 1 CX=文件代号 2	失败：AX=错误码
47	取当前目录路径名	DL=驱动器号 DS：SI=ASXIZ 串地址（从根目录开始路径名）	成功：DS：SI=ASXIZ 串地址 失败：AX=错误码
48	分配内存空间	BX=申请内存字节数	成功：AX=分配内存的初始段地址 失败：AX=错误码 BX=最大可用空间
49	释放已分配内存	ES=内存起始段地址	失败：AX=错误码
4A	修改内存分配	ES=原内存起始段地址 BX=新申请内存字节数	失败：AX=错误码 BX=最大可用空间
4B	装入/执行程序	DS：DX=ASCIZ 串地址 ES：BX=参数区首地址 AL=00 装入并执行程序 AL=01 装入程序，但不执行	失败：AX=错误码

续表

AH	功能	调用参数	返回参数
4C	带返回码终止	AL=返回码	
4D	取返回代码		AL=子出口代码 AH=返回代码 00=正常终止 01=用 Ctrl-C 终止 02=严重设备错误终止 03=用功能调用 31H 终止
4E	查找第一个匹配文件	DS：DX=ASCIZ 串地址 CX=属性	失败：AX=错误码
4F	查找下一个匹配文件	DTA 保留 4EH 的原始信息	失败：AX=错误码
50	置 PSP 段地址	BX=新 PSP 段地址	
51	取 PSP 段地址		BX=当前运行进行的 PSP
52	取磁盘参数块		ES：BX=参数块链表指针
53	把 BIOS 参数块转换为 DOS 的驱动器参数块（DPB）	ES：BP=DPB 的指针	
54	取写盘后读盘的检验标志		AL=00 检验关闭 AL=01 检验打开
55	建立 PSP		DX=建立 PSP 的段地址
56	文件改名	DS：DX=当前 ASCIZ 串地址	失败：AX=错误码
	ES：DI=新 ASCIZ 串地址		
57	置/取文件日期和时间	BX=文件代号	失败：AX=错误码
		AL=00 读取日期和时间	
		AL=01 设置日期和时间	
		（DX：CX）=日期：时间	
58	取/置内存分配策略	AL=00 取策略代码	成功：AX=策略代码
		AL=01 置策略代码	失败：AX=错误码
		BX=策略代码	
59	取扩充错误码	BX=00	AX=扩充错误码 BH=错误类型 BL=建议的操作 CH=出错设备代码
5A	建立临时文件	CX=文件属性 DS：DX=ASCIZ 串（以\结束）地址	成功：AX=文件代号 DS：DX=ASCIZ 串地址 失败：错误代码
5B	建立新文件	CX=文件属性 DS：DX=ASCIZ 串地址	成功：AX=文件代码 失败：AX=错误代码
5C	锁定文件存取	AL=00 锁定文件指定的区域 AL=01 开锁 BX=文件代号 CX：DX=文件区域偏移值 SI：DI=文件区域的长度	失败：AX=错误代码
5D	取/置严重错误标志的地址	AL=06 取严重错误标志地址 AL=0A 置 ERROR 结构指针	DS：SI=严重错误标志的地址

续表

AH	功能	调用参数	返回参数
60	扩展为全路径名	DS：SI=ASCIZ 串的地址 ES：DI=工作缓冲区地址	失败：AX=错误代码
62	取程序段前缀地址		BX=PSP 地址
68	刷新缓冲区数据到磁盘	AL=文件代号	失败：AX=错误代码
6C	扩充的文件打开/建立		成功：AX=文件代号 CX=采取的动作 失败：AX=错误代码

附录F BIOS系统功能调用

INT	AH	功能	调用参数	返回参数
10	0	设置显示方式	AL=00 40×25 黑白文本，16级灰度 AL=01 40×25 16色文本 AL=02 80×25 黑白文本，16级灰度 AL=03 80×25 16色文本 AL=04 320×200 4色图形 AL=05 320×200 黑白图形，4级灰度 AL=06 640×200 黑白图形 AL=07 80×25 黑白文本 AL=08 160×200 16色图形（MCGA） AL=09 320×200 16色图形（MCGA） AL=0A 640×200 4色图形（MCGA） AL=0D 320×200 16色图形（EGA/VGA） AL=0E 640×200 16色图形（EGA/VGA） AL=0F 640×350 单色图形（EGA/VGA） AL=10 640×350 16色图形（EGA/VGA） AL=11 640×480 黑白图形（VGA） AL=12 640×480 16色图形（VGA） AL=13 320×200 256色图形（VGA）	
10	1	置光标类型	CH0－3=光标起始行 CL0－3=光标结束行	
10	2	置光标位置	BH=页号 DH/DL=行/列	
10	3	读光标位置	BH=页号	CH=光标起始行 CL=光标结束行 DH/DL=行/列
10	4	读光笔位置		AH=00 光笔未触发 AH=01 光笔触发 CH/BX=像素行/列 DH/DL=光笔字符行/列数
10	5	置当前显示页	AL=页号	
10	6	屏幕初始化或上卷	AL=0 初始化窗口 AL=上卷行数 BH=卷入行属性 CH/CL=左上角行/列号 DH/DL=右下角行/列号	
10	7	屏幕初始化或下卷	AL=0 初始化窗口 AL=下卷行数 BH=卷入行属性 CH/CL=左上角行/列号 DH/DL=右下角行/列号	

续表

INT	AH	功能	调用参数	返回参数
10	8	读光标位置的字符和属性	BH=显示页	AH/AL=字符/属性
10	9	在光标位置显示字符和属性	BH=显示页 AL/BL=字符/属性 CX=字符重复次数	
10	A	在光标位置显示字符	BH=显示页 AL=字符 CX=字符重复次数	
10	B	置彩色调色板	BH=彩色调色板 ID BL=和 ID 配套使用的颜色	
10	C	写像素	AL=颜色值 BH=页号 DX/CX=像素行/列	
10	D	读像素	BH=页号 DX/CX=像素行/列	AL=像素的颜色值
10	E	显示字符（光标前移）	AL=字符 BH=页号 BL=前景色	
10	F	取当前显示方式		BH=页号 AH=字符列数 AL=显示方式
10	10	置调色板寄存器（EGA/VGA）	AL=0，BL=调色板号，BH=颜色值	
10	11	装入字符发生器（EGA/VGA）	AL=0～4 全部或部分装入字符点阵集 AL=20～24 置图形方式显示字符集	
			AL=30 读当前字符集信息	ES：BP=字符集位置
10	12	返回当前适配器设置的信息（EGA/VGA）	BL=10H（子功能）	BH=0 单色方式 BH=1 彩色方式 BL=VRAM 容量 （0=64K，1=128K，…） CH=特征位设置 CL=EGA 的开关位置
10	13	显示字符串	ES：BP=字符串地址 AL=写方式（0～3）	
			CX=字符串长度 DH/DL=起始行/列 BH/BL=页号/属性	
11		取设备清单		AX=BIOS 设备清单字
12		取内存容量		AX=字节数（KB）
13	0	磁盘复位	DL=驱动器号（00，01 为软盘，80，81，…为硬盘）	失败：AH=错误码
13	1	读磁盘驱动器状态		AH=状态字节

续表

INT	AH	功能	调用参数	返回参数
13	2	读磁盘扇区	AL=扇区数 $CL_{6,7}CH_{0\sim7}$=磁道号 $CL_{0\sim5}$=扇区号 DH/DL=磁头号/驱动器号 ES：BX=数据缓冲区地址	读成功：AH=0 AL=读取的扇区数 读失败：AH=错误码
13	3	写磁盘扇区	同上	写成功：AH=0 AL=写入的扇区数 写失败：AH=错误码
13	4	检验磁盘扇区	AL=扇区数 $CL_{6,7}CH_{0\sim7}$=磁道号 $CL_{0\sim5}$=扇区号 DH/DL=磁头号/驱动器号	成功：AH=0 AL=检验的扇区数 失败：AH=错误码
13	5	格式化盘磁道	AL=扇区数 $CL_{6,7}CH_{0\sim7}$=磁道号 $CL_{0\sim5}$=扇区号 DH/DL=磁头号/驱动器号 ES：BX=格式化参数表指针	成功：AH=0 失败：AH=错误码
14	0	初始化串行口	AL=初始化参数 DX=串行口号	AH=通信口状态 AL=调制解调器状态
14	1	向通信口写字符	AL=字符 DX=通信口号	写成功：AH7=0 写失败：AH7=1 $CH_{0\sim6}$=通信口状态
14	2	从通信号读字符	DX=通信口号	读成功：AH7=0 AL=字符 读失败：AH7=1
14	3	取通信号状态	DX=通信号	AH=通信口状态 AL=调制解调器状态
14	4	初始化扩展 COM		
14	5	扩展 COM 控制		
15	0	启动盒式磁带机		
15	1	停止修理工磁带机		
15	2	磁带分块读	ES：BX=数据传输区地址 CX=字节数	AH=状态字节 AH=00 读成功 AH=01 冗余检验错 AH=02 无数据传输 AH=04 无引导 AH=80 非法命令
15	3	磁带分块读	DS：BX=数据传输区地址 CX=字节数	AH=状态字节（同上）
16	0	从键盘读字符		AL=字符码 AH=扫描码
16	1	取键盘缓冲区状态		ZF=0AL=字符码 AH=扫描码 ZF=1 缓冲区无按键等待

续表

INT	AH	功能	调用参数	返回参数
16	2	取键盘标志字节		AL=键盘标志字节
17	0	打印字符回送状态字节	AL=字符 DX=打印机号	AH=打印机状态字节
17	1	初始化打印机回送状态字节	DX=打印机号	AH=打印机状态字节
17	2	取打印机状态	DX=打印机号	AH=打印机状态字节
18		ROW BASIC 语言		
19		引导装入程序		
1A	0	读时钟		CH：CL=时：分 DH：DL=秒：1/100 秒
1A	1	置时钟	CH：CL=时：分 DH：DL=秒：1/100 秒	
1A	6	置报警时间	CH：CL=时：分（BCD） DH：DL=秒：1/100 秒（BCD）	
1A	7	清除报警		
33	00	鼠标复位	AL=00	AX=0000 硬件未安装 AX=FFFF 硬件已安装 BX=鼠标的键数
33	00	显示鼠标光标	AL=01	显示鼠标光标
33	00	隐藏鼠标光标	AL=02	隐藏鼠标光标
33	00	读鼠标状态	AL=03	BX=键状态 CX/DX=鼠标水平/垂直位置
33	00	设置鼠标位置	AL=04 CX/DX=鼠标水平/垂直位置	
33	00	设置图形光标	AL=09 BX/CX=鼠标水平/垂直中心 ES：DX=16×16 光标映像地址	安装了新的图形光标
33	00	设置文本光标	AL=0A BX=光标类型 CX=像素位掩码或其始的扫描线 DX=光标掩码或结束的扫描线	设置的文本光标
33	00	读移动计数器	AL=0B	CX/DX=鼠标水平/垂直距离
33	00	设置中断子程序	AL=0C CX=中断掩码 ES：DX=中断服务程序的地址	

附录 G　DEBUG 命令表

命令	功能	格式
A(Assmble)	汇编语句	A[address]
C(Compare)	比较内存	C range address
D(Dump)	显示内存	D[address]
E(Enter)	改变内存	E address list
F(Fill)	填充内存	F range list
G(GO)	执行程序	G[address]
H(Hexarthmetic)	十六进制运算	H Value Value
I(Input)	输入	I port address
L(Load)	装入内存	L[address]
M(Move)	传送内存	M range range
N(Name)	定义文件	N[d:] [path] filename[. com]
O(output)	输出字节	O port address byte
Q(Quit)	退出 DEBUG 状态	Q
R(Register)	显示寄存器	R[registername]
S(Search)	检索字符	S rang list
T(Trace)	单步/多步跟踪	T orT[address] [value]
U(Unassmble)	反汇编	U[address] or U[range]
W(Write)	文件或数据写盘	W[address[drive sector sector]]

附录H　汇编程序编译出错信息

用 MASM 5.0 对汇编程序进行汇编的时候，如果检查出某行语句有错误，就会在屏幕上给出出错信息，若指定了列表文件（.LST），MASM 5.0 也会在列表文件中给出错误信息。

MASM5.0 出错信息格式：WARNING/ERROR；错误信息码/错误描述信息

错误描述信息码由五个字符组成，第一个是 A，表示汇编语言程序出错；接着有一个数字指明出错类别：2 为致命错误，4 为严肃警告，5 为建议性警告，最后三位为错误编号。

下面的手册中给出了错误编号、错误描述及中文解释说明，方便大家查阅，包括 MASM 5.0 常见编译错误。

000　Block nesting error

嵌套出错。嵌套的过程，段，结构，宏指令或重复块等非正常结束。例如，在嵌套语句中有外层的结束语句，而无内层的结束语局。

001　Extra characters on line

一语句行有多余字符，可能是语句中给出的参数太多。

002　Internal error-Register already defined

这是一个内部错误。如出现该错误，请记下发生错误的条件，并使用 Product Assistance Request 表与 Microsoft 公司联系。

003　Unkown type specifer

未知的类型说明符。例如类型字符拼错，把 BYTE 写成 BIT，NEAR 写成 NAER 等。

004　Redefinition of symbol

符号重定义。同一标识符在两个位置上定义。在汇编第一遍扫描时，在这个标识符的第二个定义位置上给出这个错误。

005　Symbol is multidefined

符号多重定义。同一标识符在两个位置上定义。在汇编第二遍扫描时，每当遇到这个标识符都给出这个错误。

006　Phase error between passes

两次扫描间的结果不一致。一个标号在二次扫描时得到不同的地址值，就会给出这种错误。若在启动 MASM 时使用/D 任选项，产生第一遍扫描的列表文件，它可帮助你查找这种错误。

007　Already had ELSE clause

已有 ELSE 语句。在一个条件块里使用多于一个的 ELSE 语句。

008　Must be in conditional block

没有在条件块里。通常是有 ENDIF 或 ELSE 语句，而无 IF 语句。

009　Symbol not defined

符号未定义，在程序中引用了未定义的标识符。

010　Syntax error

语法错误。不是汇编程序所能识别的一个语句。

011　Type illegal in context

指定非法类型。例如，对一个过程指定 BYTE 类型，而不是 NEAR 或 FAR。

012　Group name must be unique

组名应是唯一的。作为组名的符号作为其他符号使用。

013　Must be declared during pass 1

必须在第一遍扫描期间定义。在第一遍扫描期间，如一个符号在未定义前就引用，就会出现这种错误。

014　Illegal public declaration

一个标识符被非法的指定为 PUBLIC 类型。

015　Symbol already defferent kind

重新定义一个符号为不同种类符号。例如，一个段名重新被当作变量名定义使用。

016　Reserved word used as symbol

把汇编语言规定的保留字作标识符使用。

017　Forward reference illegal

非法的向前引用。在第一遍扫描期间，引用一个未定义符号。

018　Operand must be register

操作数位置上应是寄存器，但出现了标识符。

019　Wrong type of register

使用寄存器出错。

020　Operand must be segment or group

应该给出一个段名或组名。例如，ASSUME 语句中应为某段寄存器和指定一个段名或组名，而不应是别的标号或变量名等。

021　Symbol has no segment

不知道标识符的段属性。

022　Operand must be type specifier

操作数应给出类型说明，如 NEAR，FAR，BYTE 等。

023　Symbol alread defined locally

以被指定为内部的标识符，企图在 EXTRN 语句中又定义外部标识。

024　Segment paraneters are changed

段参数被改变。如同一标识符定义在不同段内。

025　Improper align/combin type

段定义时的定位类型/组合类型使用出错。

026　Reference to multidefined symbol

指令引用了多重定义的标识符。

027　Operand expected

需要一个操作数，只有操作符。

028　Operator expected

需要一个操作符，但只有操作数。

029　Divdsion by 0 or overflow

除以 0 或溢出。

030 Negative shift count

运算符 SHL 或 SHR 的移位表达式值为负数。

031 Operand type must match

操作数类型不匹配。双操作数指令的两个操作数长度不一致，一个是字节，另一个是字。

032 Illegal use of external

外部符号使用出错。

033 Must be record field name

应为记录字段名。在记录字段名位置上出现另外的符号。

034 Must be record name or field name

应为记录名或记录字段名。在记录名或记录字段名位置上出现另外的符号。

035 Operand must have size

应指明操作数的长度（如 BYTE，WORD 等）。通常使用 PTR 运算即可改正。

036 Must be variable，label，or constant

应该是变量名，标号或常数的位置上出现了其他信息。

037 Must be stucture field name

应该为结构字段名。在结构字段名位置上出现了另外的符号。

038 Lefe operand must segment

操作数的左边应该是段的信息。如设 DA1，DA2 均是变量名，下列语句就是错误的："MOV AX，DA1：DA2"。DA1 位置上应使用某段寄存器名。

039 One operand must constant

操作数必须是常数。

040 Operand must be in same segment or one constant

一运算符用错。例如"MOV AL，—VAR"，其中 VAR 是变量名，应有一常数参加运算。又如两个不同段的变量名相减出错。

041 Normal type operand expected

要求给出一个正常的操作数。

042 Constant expected

要求给出一个常数。

043 Operand must have segment

运算符 SEG 用错。

044 Must be associated with data

在必须与数据段有关的位置上出现了代码段有关的项。

045 Must be associated with code

在必须与代码段有关的位置上出现了数据段有关的项。

046 Multiple base registers

同时使用了多个基址寄存器，如"MOV AX，[SI] [BP]"。

047 Multiple index registers

同时使用了多个变址寄存器，如"MOV AX，[SI] [DI]"。

048　Must be index or base register

指令仅要求使用基址寄存器或变址寄存器，而不能使用其他寄存器。

049　Illegal use of register

非法使用寄存器出错。

050　Value is out of range

数值太大，超过允许值，例如："MOV AL，100H"。

051　Operand not in current CS ASSUME segment

操作数不在当前代码段内。通常指转移指令的目标地址不在当前 CS 段内。

052　Improper operand type

操作数类型使用不当。例如，"MOV VAR1，VAR2"。两个操作数均为存储器操作数，不能汇编出目标代码。

053　Jump out of range by %ld byte

条件转移指令跳转范围超过－128～127 个字节。出错厂，信息同时给出超过的字节数。

054　Index displacement must be constant

变址寻址的位移量必须是常数。

055　Illegal register value

非法的寄存器值。目标代码中表达寄存器的值超过 7。

056　Immediate mode illegal

不允许使用立即数寻址。例如，"MOV DS，CODE"。其中 CODE 是段名，不能把段名作为立即数传送给段寄存器 DS。

057　Illegal size for operand

使用操作数大小（字节数）出错。例如，使用双字的存储器操作数。

058　Byte register illegal

要求用字寄存器的指令使用了字节寄存器。如 PUSH，POP 指令的操作数寄存器必须是字寄存器。

059　Illegal uer of CS register

指令中错误使用了段寄存器 CS。如"MOV CS，AX" CS 不能做目的操作数。

060　Must be accumulator register

要求用 AX 或 AL 的位置上使用了其他寄存器。如 IN，OUT 指令必须使用累加器 AX 或 AL。

061　Improper uer of segment register

不允许使用段寄存器的位置上使用了段寄存器，如"SHL DS，1"。

062　Missing or unreachable CS

试图跳转去执行一个 CS 达不到的标号。通常是指缺少 ASSUME 语句中 CS 与代码段相关联。

063　Operand combination illegal

双操作数指令中两个操作数组合出错。

064　Near JMP/CALL to different CS

试图用 NEAR 属性的转移指令跳转到不在当前段的一个地址。

065 Label cannot have segment override

段前缀使用出错。

066 Must have instuction agter prefix

在重复前缀 REP，REPE，REPNE 后面必须有指令。

067 Cannot override ES for destination

串操作指令中目的操作数不能用其他段寄存器替代 ES。

068 Cannot address with srgment register

指令中寻找一个操作数，但 ASSUME 语句中未指明哪个段寄存器与该操作数所在段有关联。

069 Must be in segment block

指令语句没有在段内。

070 Cannot use EVEN or ALIGN with byte alignment

在段定义伪指令的定位类型中选用 BYTE，这时不能使用 EVEN 或 ALIGN 伪指令。

071 Forward needs override or FAR

转移指令的目标没有在源程序中说明为 FAR 属性，可用 PTR 指定。

072 Illegal value for DUP count

操作符 DUP 前的重复次数是非法的或未定义。

073 Symbol id already external

在模块内试图定义的符号，它已在外部符号伪指令中说明。

074 DUP nesting too deep

操作数 DUP 的嵌套太深。

075 Illegak use of undefinde operand（ ）

不定操作符“”使用不当，例如，“DB 10H DUP（ 2)”。

076 Too many valer for struc or record initialization

在定义结构变量或记录变量时，初始值太多。

077 Angle brackets requored around initialized list

定义结构体变量时，初始值未用尖括号（）括起来。

078 Directive illegal structure

在结构体定义中的伪指令使用不当。结构定义中的伪指令语句仅两种：分号（;）开始的注释语句和用 DB，DW 等数据定义伪指令语句。

079 Override with DUP illegal

在结构变量初始值表中使用 DUP 操作符出错。

080 Field cannot be overridden

在定义结构变量语句中试图对一个不允许修改的字段设置初值。

081 Override id of wrong type

在定义结构变量语句中设置初值时类型出错。

083 Circular chain of EQU aliases

用等值语句定义的符号名，最后又返回指向它自己，如 A EQU B B EQU A。

084 Cannot emulate cooprocessor opcode

仿真器不能支持的 8087 协处理器操作码。

085　End of file，not END directive

源程序文件无 END 文件。

086　Data emitted with no segment

语句数据没有在段内。

087　Forced error——pass1

用“ERR1”伪指令强制形成的错误。

088　Forced error——pass2

用“ERR2”伪指令强制形成的错误。

089　Forced error

用“ERR”伪指令强制形成的错误。

090　Forced error——expression true（0）

用“ERRZ”伪指令强制形成的错误。

091　Forced error——pression false（not 0）

用“ERRZ”伪指令强制形成的错误。

092　Forced error——symbol not defined

用“ERRNDEF”伪指令强制形成的错误。

093　Forced error——symbol defined

用“ERRDEF”伪指令强制形成的错误。

094　Forced error——string blank

用“ERRB”伪指令强制形成的错误。

095　Forced error——string not blank

用“ERRNB”伪指令强制形成的错误。

096　Forced error——string identical

用“ERRIDN”伪指令强制形成的错误。

097　Forced error——string different

用“ERRDIF”伪指令强制形成的错误。

098　Wrong length for override value

结构域的重新设置太大以致不能适合这个域。

099　Line too long expanding symbol：EQU

使用 EQU 伪指令定义的等式太长。

100　Impure memory reference

不合适的处理器参考，当/P 选项和特权指令有效时（用.286 或.386），数据存到代码段。

101　Missing data；zero assumed

缺少操作数，假定是 0，如 MOV AL，0。

102　Segment near（or at）64K linit

当一个代码段接近 64KB 边界时，若在特权方式下，80286 处理器将产生转移错误。

103　Align must be power of 2

ALIGN 伪指令用了不是 2 的幂的数。

104　Jump within short distance

JMP 语句的转移范围在短标号内，故可在标号前加 SHORT 操作符，从而使指令代码减少 1B。

105　Expected element

少了一个元素，如标点符号或操作符，如 Expected：comma，Expected：instruction or directive。

106　Line tool long

源行超过 MASM 允许的最大长度。MASM 5.0 规定为 128 个字符。

107　Illegal digit in number

常数内包含当前的基不允许的数字，如 108Q。

108　Empty string not allowed

空串不允许出现，如“NULL DB”语句为非法。

109　Missig operand

语句中缺少一个必需的操作数。

110　Open parenthesis or bracket

语句中缺少一个圆括号或方括号。

111　Directive must be in macro

只在宏定义里面要求的伪指令用在宏定义之外。

112　Unexpected end of line

语句行不完整。

参 考 文 献

[1] 周荷琴，冯焕清. 微型计算机原理与接口技术. 5版. 合肥：中国科学技术大学出版社，2013.
[2] 余朝琨. IBM-PC汇编语言程序设计. 北京：机械工业出版社，2014.
[3] 冯萍，吴晓. 微机系统汇编语言与接口技术. 2版. 北京：机械工业出版社，2011.
[4] 王钰，李育贤，王晓婕. 微机原理与汇编语言. 2版. 北京：电子工业出版社，2009.
[5] 张福炎. 全国计算机等级考试三级教程——PC技术. 北京：高等教育出版社，2003.
[6] 原菊梅. 微型计算机原理及其接口技术. 北京：机械工业出版社，2007.
[7] 杨立. 微机原理及应用. 北京：中国铁道出版社，2009.
[8] 詹仕华. 汇编语言程序设计. 北京：中国电力出版社，2008.
[9] 贾仲良. IBM-PC汇编语言程序设计实验教程. 北京：清华大学出版社，2004.